PPT 高手之路

基础入门 / 效率操作 / 设计思维 / 审美提高

李栋 ◎ 著

电子工业出版社
Publishing House of Electronics Industry
北京·BEIJING

内 容 简 介

本书从PowerPoint软件设置讲起，扩展到效率操作、素材选用、辅助工具等内容，并深入讲解设计、审美等平面设计基础知识的运用。如果你是一名PPT初学者，可以从头开始了解PPT；如果你有一定的PPT基础，可以在本书中找到精进技艺的内容。

全书在结构上分为基础知识、审美提高、综合运用三大部分，共12章，主要包括：如何正确设置软件、PPT常用功能、如何制作80分的PPT、建立个人素材库、PPT常用辅助工具、设计四原则、配色基础、排版基础、PPT设计基础、设计感究竟从何而来、如何向优秀作品学习、PPT与其他软件的结合等内容。

未经许可，不得以任何方式复制或抄袭本书之部分或全部内容。
版权所有，侵权必究。

图书在版编目（CIP）数据

PPT高手之路 / 李栋著．— 北京：电子工业出版社，2017.7
ISBN 978-7-121-31757-6

Ⅰ.①P… Ⅱ.①李… Ⅲ.①图形软件 Ⅳ.①TP391.412

中国版本图书馆CIP数据核字（2017）第124086号

策划编辑：田志远
责任编辑：徐津平
印　　刷：北京盛通印刷股份有限公司
装　　订：北京盛通印刷股份有限公司
出版发行：电子工业出版社
　　　　　北京市海淀区万寿路173信箱　　邮编：100036
开　　本：787×980　1/16　印张：15　字数：384千字
版　　次：2017年7月第1版
印　　次：2020年12月第9次印刷
定　　价：69.00元

凡所购买电子工业出版社图书有缺损问题，请向购买书店调换。若书店售缺，请与本社发行部联系，联系及邮购电话：（010）88254888，88258888。
质量投诉请发邮件至zlts@phei.com.cn，盗版侵权举报请发邮件至dbqq@phei.com.cn。
本书咨询联系方式：010-51260888-819　faq@phei.com.cn。

用一种更勇敢的方式生活

此书得以出版需要感谢的人太多，但最应感谢的还是编辑。一直以来对出版心存畏惧、阅历学识还十分稚嫩的我，自知离"作者"二字相距甚远，不敢僭越半分。志远哥的反复鼓励，加之写在知乎专栏《高手之路》的系列文章反响不错，最终动了心思写了这本书。

我相信每个热爱写作的人心里都有一小团火，但被误读似乎是表达者的宿命，写在专栏中的文章经常受到批判，不过总体来看，结果还是让人十分快乐的。有时回想过去依然觉得十分侥幸，没想到写的教程能获得大家如此认可与支持，在知乎上已有超过8万人关注、超过21万次赞同、近40万的收藏。每次写文章的时候想到这些数据更觉得不能懈怠，不断鼓励自己要创作出更有价值的内容，并一直坚持下去。

此书的结构并不复杂，最初设计时只有两部分：基础和进阶。基础部分的内容包含：认识软件、快速操作、效率提高等。进阶部分的内容包含：设计与美化、高级技巧、审美思维等。而后慢慢发散细节，最后形成目录中所列的内容。

《PPT高手之路》最初定位于"进阶"，即有一定PPT基础的人应该如何去提高。在市场上，PPT基础类书籍瀚如烟海，但进阶类图书数量寥寥，因此最初设计图书结构时，我的重心放在了方法论上。就像《禅与摩托车维修艺术》中所写：所有关乎技艺的工作，背后都有一个"道"或类似"禅"的东西，一通百通。因此希望诸位在学习书中技巧的同时，兼顾总结并用更高的视角去审视，这样在学其他东西时也能快速精通。

写作此书时正值大四，当时的我还在医院实习，白天奔波于病房为患者治疗，下班挤上人流如潮的地铁，回到宿舍已疲惫不堪，再打开电脑码些文字，好多次趴在桌上就睡到了第二天……与此相随的是发际线日渐后移，我也嘲笑自己二十岁的躯体藏了四十岁的灵魂。那时的我充满了困惑，临床实习并非情愿，遣字造句还十分稚嫩，设计水平也亟待提升……许多问题没有答案，性情也阴晴不定，感觉自己就像卡尔维诺笔下的梅达尔多子爵一样，一半善一半恶，值得庆幸的是从未放松过学习。

写作此书的过程中，为了修炼文字，我读了王小波、劳伦斯、博尔赫斯、莫迪阿诺、亨利·米勒等人的许多作品；为了提升设计，又读了许多色彩、字体、排版等设计相关书籍。胡乱阅读间恍惚意识到许多事物的本源竟然如此地相似，比如我们在制作PPT的过程中，如果仔细分析页面元素的构成，会发现除文字、图片的合理摆放外，更重要的是从视觉层次的角度去考虑，而这属于平面设计的范畴。再者，PPT虽然只在平面上显示，但仍然存在纵深关系，许多看不见的层次与细节需要进行处理。关于这些本书都有所提及。

PPT高手之路

芥川龙之介说："人生不如一行波德莱尔。"作为医学生的我，没有选择临床工作，一直以来饱受诟病，我也无数次动摇过。幸运的是，最后如愿选择了自己喜欢的事业，并赶在毕业之际将此书付梓，心里真的十分开心，毕竟这是前二十年从未想过的事情。

最后，感谢魁哥、老秦、诺老师、珞珈、小邵、小蔡的推荐，还有一周进步各位亲爱的小伙伴们，感谢你们在我转离学生身份的过程中对我的帮助与陪伴，能有这样一群学识渊博还愿意悉心指导的朋友真是太好了。

李栋（大梦）

2017年6月

目录

第1章 如何正确设置软件 / 1

1.1 保存时间 / 2
1.2 嵌入字体 / 3
1.3 撤销次数 / 5
1.4 快速访问工具栏 / 5
1.5 快捷键列表 / 7

第2章 PPT常用功能 / 10

2.1 显示工具 / 11
 2.1.1 标尺 / 11
 2.1.2 网格线 / 11
 2.1.3 参考线 / 12
2.2 幻灯片大小 / 14
2.3 布尔运算 / 16
2.4 幻灯片母版 / 18
 2.4.1 母版与版式的区别 / 18
 2.4.2 如何切换版式 / 18
 2.4.3 占位符技巧 / 19
2.5 编辑顶点 / 25
2.6 缩放定位 / 26
 2.6.1 摘要缩放 / 26
 2.6.2 节缩放定位 / 27
 2.6.3 幻灯片缩放定位 / 28
2.7 取色器 / 30

第3章 如何制作80分的PPT / 31

3.1 演示文稿的分类 / 32
 3.1.1 80分与100分的差距 / 32
 3.1.2 演讲型PPT / 33
 3.1.3 阅读型PPT / 34

3.1.4 商务型PPT / 35
3.1.5 工作型PPT / 36
3.2 建立自己的工作流程 / 36
3.2.1 梳理内容 / 37
3.2.2 确立结构 / 39
3.2.3 设计模板 / 40
3.3 常见元素的处理原则 / 42
3.3.1 文本 / 43
3.3.2 图片 / 46

第4章 建立个人素材库 / 49

4.1 模板 / 50
4.2 图片素材 / 52
4.3 字体素材 / 56
4.4 矢量素材 / 58
4.5 设计灵感 / 60
4.6 综合网站 / 63
4.7 管理素材 / 65

第5章 PPT常用辅助工具 / 67

5.1 常用插件 / 68
5.2 XMind / 77
5.3 Markdown / 80
5.4 辅助APP / 81

第6章 设计四原则 / 84

6.1 亲密 / 85
6.2 对齐 / 85
6.3 重复 / 86
6.4 对比 / 88

第7章 配色基础 / 89

7.1 必须知道的色彩原理 / 90
7.1.1 RGB与CMYK / 90
7.1.2 色彩三属性 / 91
7.1.3 色调 / 92
7.2 如何快速决定PPT的颜色 / 93
7.2.1 行业色 / 93

7.2.2　主题色 / 95

第8章　排版基础 / 96

8.1　控制图版率 / 97
8.2　将页面划分为方块 / 100
8.3　正确的先后顺序 / 103
8.4　巧用留白 / 107
　　8.4.1　减轻页面压迫感 / 107
　　8.4.2　突出重点 / 108
　　8.4.3　统一版面 / 108

第9章　PPT设计基础 / 110

9.1　常见PPT风格 / 111
　　9.1.1　扁平风格 / 111
　　9.1.2　UI风格 / 115
　　9.1.3　欧美风格 / 119
　　9.1.4　中国风 / 120
　　9.1.5　手绘风格 / 122
9.2　视觉层次分析 / 124
　　9.2.1　图像视觉层次的组成 / 124
　　9.2.2　文字视觉层次的组成 / 125
　　9.2.3　划分视觉层次的方法 / 126
　　9.2.4　视觉层级表达的四项原则 / 127
　　9.2.5　场景构建 / 127
9.3　常用结构设计 / 130
　　9.3.1　封面 / 130
　　9.3.2　目录 / 133
　　9.3.3　过渡页 / 136
　　9.3.4　内页 / 136
　　9.3.5　尾页 / 138
　　9.3.6　背景 / 139
9.4　PPT中的信息图 / 142
　　9.4.1　什么是信息图 / 142
　　9.4.2　如何制作信息图 / 144
　　9.4.3　信息图设计技巧 / 148
9.5　文字的使用 / 156
　　9.5.1　现代文字分类 / 158
　　9.5.2　字体基础知识 / 158

        9.5.3　选择合适的字体 / 160
　　9.6　图片实用技巧 / 162
        9.6.1　图片常见类型 / 162
        9.6.2　对图片进行基础处理 / 164

第10章　设计感究竟从何而来 / 165

第11章　如何向优秀作品学习 / 169

　　11.1　观察 / 170
　　11.2　临摹 / 171
　　11.3　结合 / 171
　　11.4　超越 / 172

第12章　PPT与其他软件的结合 / 173

　　12.1　Photoshop / 174
        12.1.1　在Photoshop中导入素材 / 174
        12.1.2　Low Poly背景制作 / 181
        12.1.3　抠图 / 183
        12.1.4　去水印 / 185
        12.1.5　PS插件 / 185
　　12.2　illustrator / 188
        12.2.1　基础运用 / 189
        12.2.2　高级技巧 / 192
　　12.3　Cinema 4D / 196
　　12.4　各类"神器" / 197
        12.4.1　拼图"神器"CollageIt / 197
        12.4.2　低面设计"神器"Triangulator / 199
        12.4.3　像素化"神器"MagicaVoxel / 201
        12.4.4　图片转画作"神器"Ostagram / 205
        12.4.5　图片处理"神器"Pzttaizer / 207
        12.4.6　拼图"神器"Shapecollage / 211
        12.4.7　文字云"神器"Tagxedo / 214
        12.4.8　图片放大"神器"PhotoZoom Pro / 215
        12.4.9　PDF转换"神器"SmallPDF / 215
        12.4.10　PPT压缩"神器"PPT Minimizer / 215
        12.4.11　去水印"神器"Inpaint / 216
        12.4.12　位图转矢量图"神器"Vectormagic / 216

附录A　Keynote入门指南 / 217

第1章
如何正确设置软件

在刚开始学习PPT的过程中,我走了许多弯路。如果在开始时没有养成良好的使用习惯,掉入错误的"新手误区",那之后操作的效率会大打折扣,而且很难纠正,这也是为什么要把软件设置放在本书最开始的原因,这是一切PPT技巧的基础。

每个人购买新手机以后，总会根据个人习惯进行一些设置，PPT也是如此。在进行操作之前应该对PPT进行一些设置，正确设置软件能提升我们制作PPT的效率，这一步是我们从PPT菜鸟走向PPT高手的基础。

设置PPT的操作步骤是：【文件】→【选项】。

调出选项对话框，可以看到PPT的所有设置选项，如下图所示。

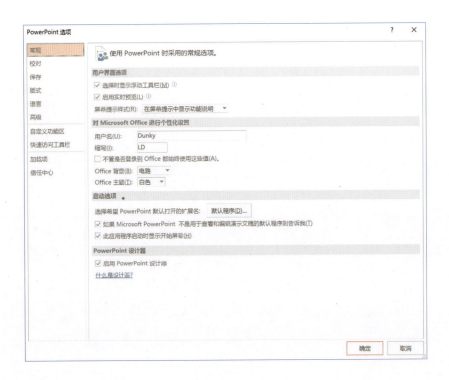

1.1 保存时间

保存时间是指PPT自动保存当前文件的时间间隔，具体时间应根据个人习惯设置。建议设置得不要太短，频繁保存容易导致电脑卡顿；但也不宜太长，如果在制作PPT时电脑忽然死机，再打开会自动恢复到上一次自动保存的状态，如果时间间隔太长那要重做的步骤就很多了。

步骤：【文件】→【选项】→【保存】。

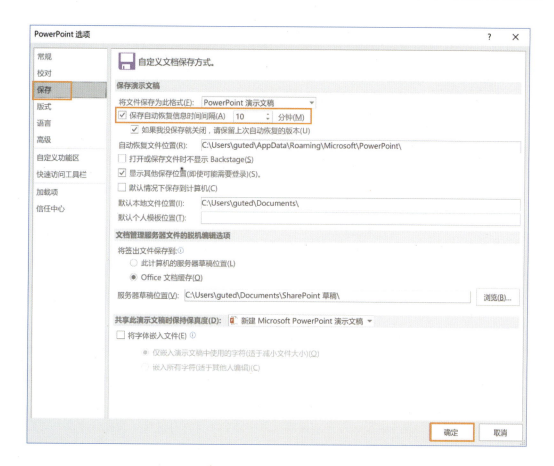

1.2 嵌入字体

在想与他人共享使用了特殊字体的 PowerPoint、Word、Excel 等文件时，如果对方电脑没有安装该字体，则文件无法正常显示。解决方法有两种。

（1）将字体文件打包发送，提醒对方安装后再打开文件。

（2）嵌入字体。（部分版权保护字体无法使用此功能。）

步骤：【文件】→【选项】→【保存】。

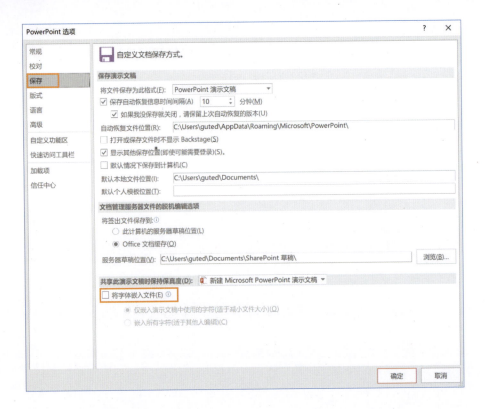

该功能在平时自己操作时不必打开,因为嵌入字体会降低保存速度,需要分享文件时打开即可。

出现下图所示的情况时,表示因版权问题,字体无法嵌入文件。

1.3 撤销次数

撤销次数是指可取消上一步操作、恢复之前的状态的次数，软件默认值是20次，建议修改为最大值150次。

步骤：【文件】→【选项】→【高级】。

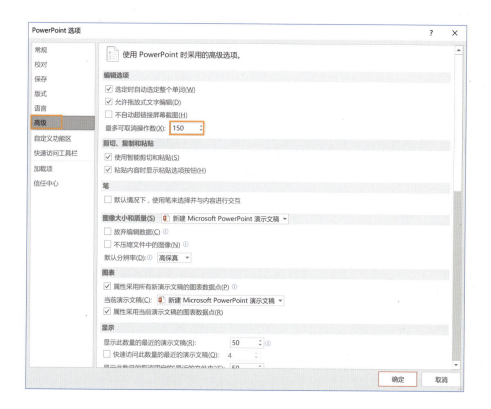

1.4 快速访问工具栏

快速访问工具栏是PPT中的快捷方式，我们可以把常用功能添加到快速访问工具栏，从而提高操作效率。

设置方法有两种。

1. 单击鼠标右键直接添加

找到功能选项或图标后，单击鼠标右键，通过弹出的快捷菜单中的命令可将该功能的快捷方式图标直接添加到快速访问工具栏。

2. 使用选项对话框进行添加

右键直接添加的弊端在于无法调节功能在工具栏上的显示顺序，这时我们可以在选项对话框里选择"快速访问工具栏"选项，进行添加或删除等设置，如下图所示。

推荐添加功能：【保存】【撤销】【重复】【新建幻灯片】【插入形状】【插入文本】【取色器】【对齐】等。

第1章 如何正确设置软件

快速访问工具栏默认显示在软件主界面的功能区上方,可以选择调到下方。

这样设置的优点在于,缩短鼠标移动距离,提高操作效率。

更多PPT软件设置方法,请查看官方指南,地址:https://support.office.com/。

1.5 快捷键列表

1. 编辑状态

Ctrl+A:选择全部对象/幻灯片

Ctrl+B:应用/解除文本加粗

Ctrl+C:复制

Ctrl+D:快速复制对象

Ctrl+E:段落居中对齐

Ctrl+F:激活"查找"对话框

Ctrl+G:组合

Ctrl+H:激活"替换"对话框

Ctrl+I:应用/解除文本倾斜

Ctrl+J:段落两端对齐

Ctrl+K:插入超链接

Ctrl+L:段落左对齐

Ctrl+M:插入幻灯片

Ctrl+N:创建新PPT文档

PPT高手之路

Ctrl+O：打开PPT文档

Ctrl+Q：关闭程序

Ctrl+S：保存当前文件

Ctrl+U：应用/解除文本下画线

Ctrl+W：关闭当前文件

Ctrl+Y：重复最后操作

Ctrl+F1：折叠功能区

Ctrl+F4：关闭程序

Ctrl+F6：移动到下一窗口

Ctrl+Shift+C：复制对象格式

Ctrl+Shift+G：解除组合

Ctrl+Shift+">"：减小字号

Ctrl+Shift+"="：将文本更改为上标（自动调整间距）

Ctrl+拖动对象：复制对象

Ctrl+鼠标滚轮：缩放编辑区

Shift+F4：重复最后一次查找

Shift+F9：显示/隐藏网格线

Shift+方向键：缩放对象

Shift+拉伸对象：等比例缩放对象

Alt+F5：显示演示者视图

Alt+F9：显示（隐藏）参考线

F1：PowerPoint帮助

F4：重复最后一次操作

F6：按1次，光标显示备注；按2次，显示功能区标签快捷键；按3次，添加备注

F10：显示功能区标签快捷键

Ctrl+P：打开"打印"对话框

Ctrl+R：段落右对齐

Ctrl+T：激活"字体"对话框

Ctrl+V：粘贴

Ctrl+X：剪切

Ctrl+Z：撤销操作

Ctrl+F2：打印

Ctrl+F5：联机显示

Ctrl+F12：打开文件

Ctrl+Shift+V：粘贴对象格式

Ctrl+Shift+"<"：增大字号

Ctrl+"="：将文本更改为下标（自动调整间距）

Ctrl+方向键：对象位置微调

Ctrl+拉伸对象：按中心缩放

Shift+F3：更改字母大小写

Shift+F5：从当前幻灯片放映

Shift+F10：显示右键快捷菜单

Shift+拖动对象：水平或者垂直移动对象

Shift+旋转对象：间隔15°旋转对象

Alt+F10：显示选择窗格

Alt+左箭头/右箭头：间隔15°旋转对象

F2：改文字

F5：从头开始放映

F7：拼写错误检查

F12：执行"另存为"命令

2. 放映状态

B/句号：黑屏或从黑屏返回幻灯片放映

S/加号：停止或重新启动自动幻灯片放映

E：擦除屏幕注释

G：显示全局缩略图

O：排练时使用原设置时间

N、Enter、Page Down、右箭头（→）、下箭头（↓）或空格键：执行下一个动画或换页到下一张幻灯片

Ctrl+H：隐藏鼠标指针

Ctrl+P：使用画笔

Ctrl+M：隐藏/显示画笔痕迹

Home：定位到第一页

End：定位到最后一页

W/逗号：白屏或从白屏返回幻灯片放映

Esc、Ctrl+Break或连字符（-）：退出幻灯片放映

H：到下一张隐藏幻灯片

T：排练时设置新的时间

M：排练时使用鼠标单击切换到下一张幻灯片

P、Page Up、左箭头（←）、上箭头（↑）或Backspace：执行上一个动画或返回上一张幻灯片

Ctrl+A：显示鼠标指针

Ctrl+E：使用橡皮擦

数字+Enter：指定放映第几张幻灯片

第2章
PPT常用功能

PPT是目前市面上非常流行的演示软件,但也正因如此,PPT的许多功能其实日常工作中并不会用到。本章整理了PPT常用的功能与技巧,进一步帮助大家提高制作效率。

2.1 显示工具

显示工具是很常用的PPT组件,可以用来迅速对齐内容、修改版式等,非常实用。显示工具包括标尺、网格线和参考线三种,可以通过【视图】→【显示】→【标尺/网格线/参考线】,选择打开或关闭标尺、网格线和参考线。

下面分别介绍这三种显示工具。

2.1.1 标尺

标尺是显示在文档上面和左面用于排版和测量的工具,分别是水平标尺与垂直标尺,可以在"视图"选项卡里选择打开或关闭。

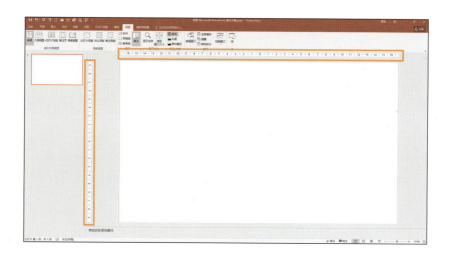

2.1.2 网格线

网格线在文本背景中显示,是用来实现对象完美放置的工具。

PPT高手之路

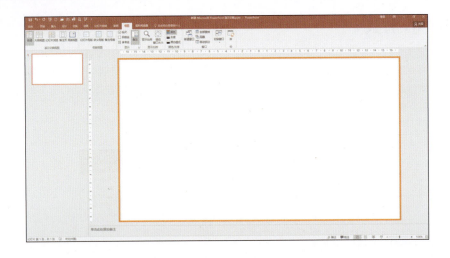

打开网格线后,单击"显示"组右下方的小三角图标,会弹出网格设置选项对话框,可以调节网格大小与其他参数。

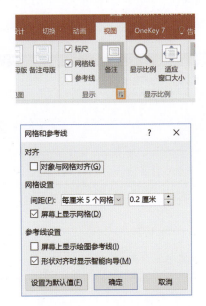

2.1.3 参考线

参考线是用于排版幻灯片对象的可调整的绘图线,分为水平参考线与垂直参考线。参考线是设计类软件最常用也最基础的功能之一, PPT默认打开一条水平参考线和一条垂直参考线,但支持自行添加与删减。

除了在菜单栏打开/关闭参考线，还可以通过在幻灯片空白处右键单击，依次选择【网格与参考线】→【参考线】，通过勾选选项来打开或者关闭参考线。

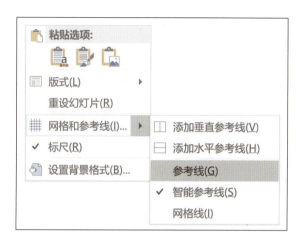

PPT默认打开两条参考线，如果觉得不够，还可以再添加。添加步骤为：选中参考线→按住Ctrl键进行拖动。

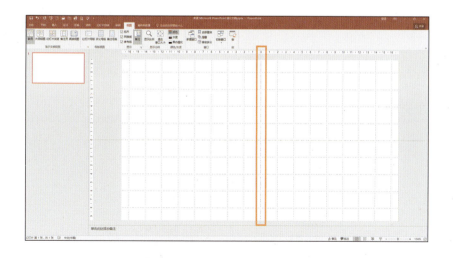

如果觉得参考线比较多，想要删除参考线也非常方便。选择参考线以后，单击鼠标右键，在弹出的快捷菜单中可以直接删除参考线。用鼠标将参考线拖到幻灯片外，参考线也会自动消失。

2.2 幻灯片大小

PPT默认尺寸比例有两种，4∶3和16∶9，这是最常用的两种版式，但除此之外我们也可以根据需求调节幻灯片的比例，以适应不同的显示屏尺寸。

步骤：【设计】→【幻灯片大小】。

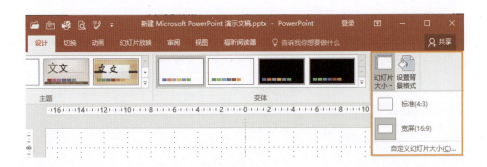

选择"自定义幻灯片大小"则可以自行调节参数。

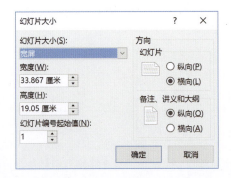

网络中许多用PPT制成的简历、信息图也是通过这种方式制作的。

第2章　PPT常用功能

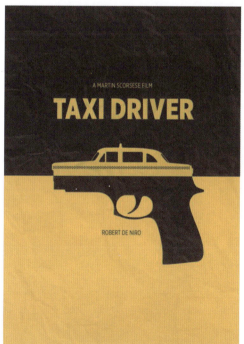

图片来自Pinterest

2.3 布尔运算

布尔运算是数字符号化的逻辑推演法，包括联合、相交、相减等类型。在图形处理操作中引入这种逻辑运算方法可以将简单的基本图形组合产生新的图形。

在PPT中，形状、文字、图片之间都可以进行布尔运算。

进行布尔运算的步骤如下：【格式】→【合并形状】。必须选中两个对象后才能进行布尔运算。

PPT中布尔运算包括五种：联合、组合、拆分、相交、剪除。

联合是指把多个对象合并成为一个对象，没有先后顺序，如下图所示。

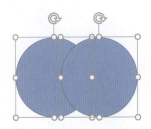
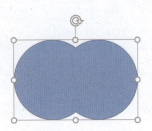

组合是两个对象合并为一个，并剪去相交部分，如下图所示。

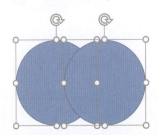
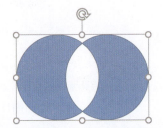

拆分是把形状按相交部分拆分成多个，如下图所示。

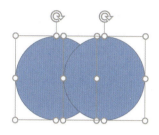 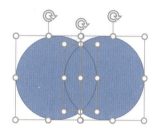

相交是保留共同部分，如下图所示。

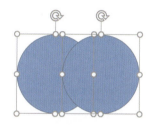 

剪除存在先后顺序，不同对象选择顺序不同，结果不同，如下图所示。

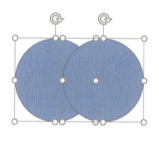 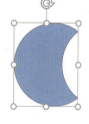

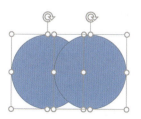 

2.4 幻灯片母版

幻灯片母版是存储模板信息的幻灯片，包括字形、占位符大小、背景设计和配色方案等内容。幻灯片母版设定好之后，修改其中一项内容就可以应用到使用该母版的全部幻灯片。

打开幻灯片母版的步骤是：【视图】→【幻灯片母版】。

2.4.1 母版与版式的区别

母版里含有多种版式，在母版页面添加的内容，在版式页面无法修改，类似子集与全集的关系。

母版中也存在子母页关系，子页中无法选中或编辑母页中插入的元素或对象。

2.4.2 如何切换版式

母版应用最方便之处就在于：母版设定好之后，只需修改一处就可以作用于全部幻灯片。

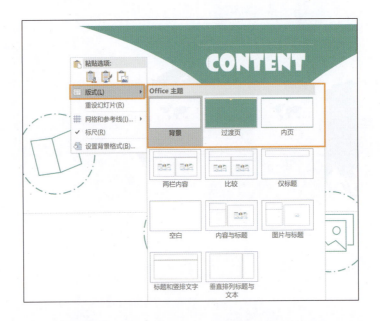

做PPT时常会用到一些固定模板，如公司LOGO，这时直接做成版式，运用时会方便很多。

Step 1：进入母版，把相关元素（例如LOGO）添加好。

第2章 PPT常用功能

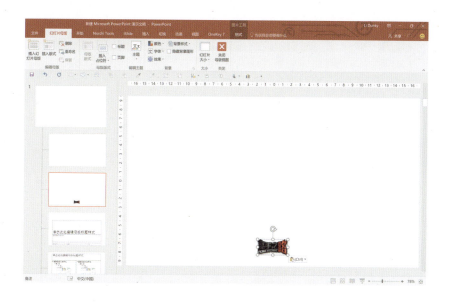

Step 2：退出母版视图后，在需要应用该元素时单击鼠标右键选择版式。

2.4.3 占位符技巧

占位符的作用是在PPT中事先规划版面，即先固定位置，等待用户往里添加内容。在PPT中，占位符有8种：内容、文本、图片、图表、表格、SmartArt、媒体、联机图像，如下图所示。

PPT高手之路

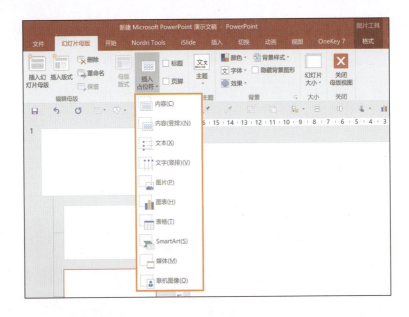

使用占位符非常讲究技巧，建议大家在平时尽量避免使用，制作PPT时最好先清除占位符，然后开始操作。不过，图片占位符的功能非常实用，我们可以借助它来制作模板，具体操作步骤如下。

Step 1：在母版视图中插入形状。

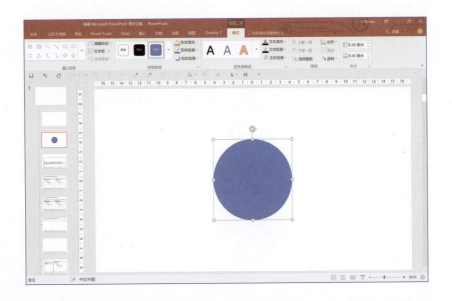

Step 2：插入图片占位符。

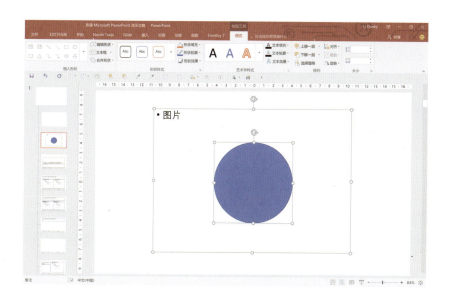

Step 3：插入完成后，先选择占位符，再选择形状，最后进入"格式"选项卡中利用布尔运算进行相交处理。

Step 4：退出母版视图，切换至相应版式即可。

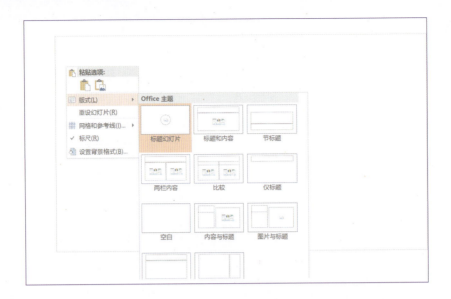

占位符的好处在于可以迅速且方便地添加内容,替换时格式仍保持不变。

替换占位符内容时,直接删除原有内容即可,占位符仍保持不变。我们可以使用占位符来快速制作图片墙背景、快速排列图片等,具体操步骤如下。

Step 1:首先在母版中排列好形状。

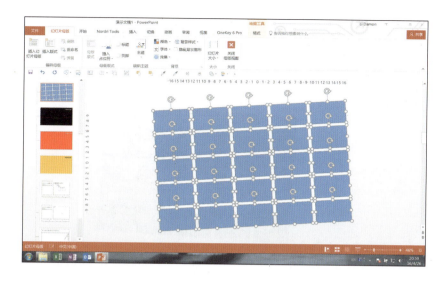

Step 2：依次添加图片占位符并进行相交处理。

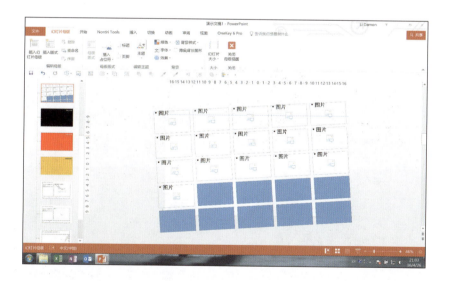

Step 3：退出母版视图，回到初始界面，用图片替换占位符。

PPT高手之路

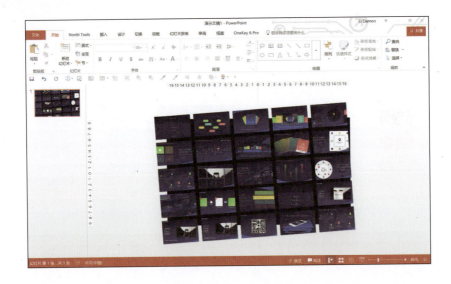

这样我们就能迅速得到一个图片墙背景。

使用占位符制作幻灯片的好处在于方便，制作第一个占位符幻灯片或许会相对复杂，但制作第二个及更多个的时候则非常简单。

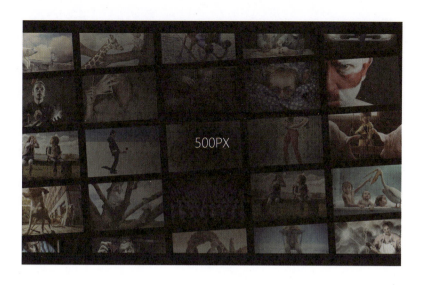

2.5 编辑顶点

编辑顶点也是PPT中对形状进行调节的方式之一，其类似于Photoshop中的钢笔工具，二者都是贝赛尔曲线的延伸。

编辑顶点的步骤是：【格式】→【编辑形状】→【编辑顶点】。

先选中形状后再进行操作，形状顶点会出现黑色控制点和控制柄。

控制点可用于控制形状，控制柄则可用于调节曲度。

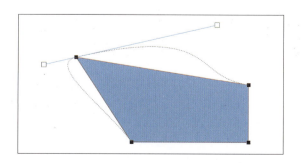

2.6　缩放定位

缩放定位是2016版PowerPoint新增功能之一，借助此功能，可以实现按预先确定的顺序在特定幻灯片、节和部分之间来回跳转，简单来说就是模拟了Prezi的特效。PPT缩放定位功能有三种：摘要缩放定位、节缩放定位、幻灯片缩放定位。

进行缩放操作的步骤是：【插入】→【缩放】。

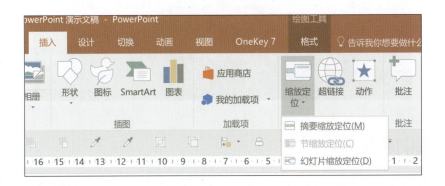

2.6.1　摘要缩放

摘要缩放相当于幻灯片概览，播放时可以从演示文稿中的一个位置自由跳转到另一个位置，实现幻灯片的自由切换。

添加完成后,效果如下图所示,放映时直接点击就能跳转进入相应页面。

2.6.2 节缩放定位

将幻灯片每一节第一页拿来做缩略页面,其功能介于摘要缩放与幻灯片缩放之间。

节缩放定位的操作步骤是:【插入】→【缩放定位】→【节缩放定位】。

PowerPoint自动提出每小节的第一张幻灯片,演示效果和摘要缩放相同。

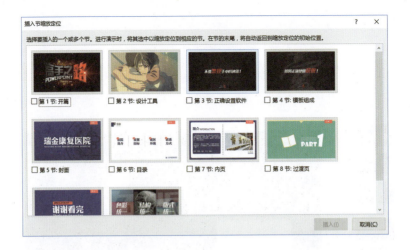

2.6.3 幻灯片缩放定位

在任意页面插入幻灯片的缩略图，可以自由选择插入哪个页面。

幻灯片缩放定位的操作步骤是：【插入】→【缩放定位】→【幻灯片缩放定位】。

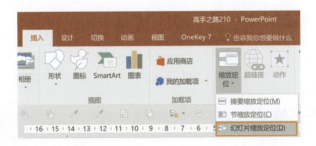

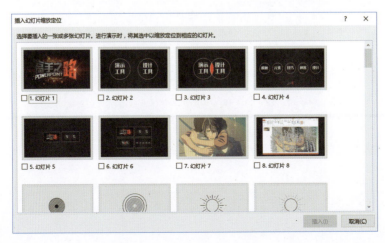

第2章　PPT常用功能

> **Tips：使用小技巧**
>
> 　　在添加幻灯片缩放时，可以直接从左侧幻灯片列表拖动其他页面到当前页面，放映时点击即可直接跳转。

选中插入缩放的幻灯片，可以修改缩略图。

依次选择【格式】→【更改图像】。选择网络或本地图片，即可直接替换缩略图，但演示效果不变。

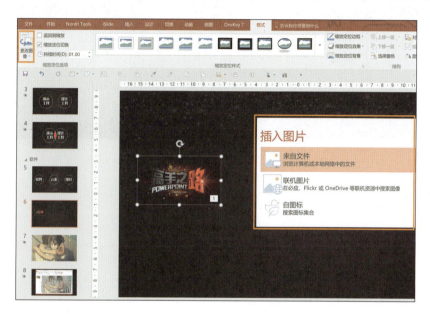

替换后的效果如下图所示。

PPT高手之路

插入缩略图后，调整角度，即可出现旋转缩放的效果，放映后会出现旋转缩放效果，如下图所示。

PowerPoint的缩放功能除跳转外，还有预览图、平滑的缩放过渡效果，如果使用得当，制作出来的效果完全可以媲美Prezi。而且，PPT支持将多页放在一个预览页面上，实现了线性与非线性演示之间的无缝切换，非常好用。

在低版本中，缩放功能仅支持页面跳转，过渡动画会消失。如果想使用缩放功能，最好满足以下两个条件：① Office365订阅用户；② 参加Office Insider Preview计划。

具体内容可直接登录Office官方网站查询详情。

2.7 取色器

颜色是影响视觉效果的重要因素之一，若未经专业的训练便独立配色，出来的效果往往事与愿违，这时候可以借助PPT的取色器完成配色工作。

取色器的使用十分简单，双击要匹配颜色的形状或其他对象，然后单击任一颜色选项，例如"格式"选项卡的"形状样式"组中的"形状填充"。

选取取色器，单击要匹配的颜色并将其应用到所选形状或对象即可。

第3章
如何制作80分的PPT

网络上流传着许多设计精美的PPT模板,但使用时我们会发现这些模板极难修改。在日常工作中,我们用的仍是简洁、实用的PPT。而这类PPT有什么特点,我们又该如何去制作?在此章你将会找到答案。

3.1 演示文稿的分类

任何不根据用途就判断PPT好坏的行为都是不科学的。虽然PPT可以当成设计工具使用,但归根结底仍是一款演示工具,所以我们在评判一份PPT好坏时,应该从受众、场合等因素综合考虑,而非仅凭版式美观与否进行评价,制作PPT的道理也是如此。

3.1.1 80分与100分的差距

100分的PPT自然是最好的一类,这些PPT在逻辑、图片、版式上都无可挑剔。比如下面这些。

幻灯片来源:演界网

这些PPT经过了专业的设计,所以比一般的PPT好看许多,可以算作是100分的PPT。但它们也有致命的缺点——不够实用,并不是所有场合都需使用如此复杂的幻灯片。

稍微降低一些设计上的标准,PPT的用途反而更广。比如下面的例子,虽然在设计上也许只有70~80分,但是这种类型的PPT最实用。

第3章　如何制作80分的PPT

制作过程中，我们应当注意色彩搭配、版式对齐等设计原则，避免做出60分以下的PPT。

3.1.2　演讲型PPT

演讲型PPT常见于各式发布会、TED演讲或其他会议等，所以对PPT设计的要求较高。这些PPT起到辅助讲者、串起全场逻辑的作用。

所以演讲型PPT的特点通常有以下几点。

1．背景简洁。一般选用纯色或同色系渐变为主。

2．信息明了。一页幻灯片只有1~2个信息点，整体结构大致由3~4部分组成。

3．字体也多以微软雅黑等非衬线字体为主。

幻灯片来源：Smartisan OS发布会

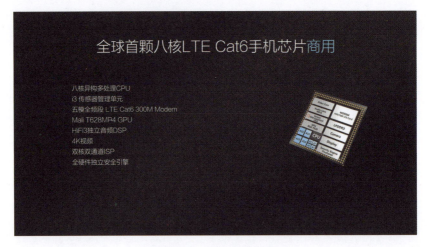

图片来源：华为荣耀6发布会

3.1.3 阅读型PPT

如果说演讲型PPT侧重于形式展现，那么阅读型PPT则更侧重于信息呈现。阅读型常见于授课、答辩、培训等场景，以传递信息为主要目的。

相对而言，阅读型PPT的形式要求降低，但内容要求则更高，其要求主要包含以下几点：

1．信息全面。文字多并无大碍，但一定要做到对齐。

2．配色简洁。整体颜色1~3种，标题和正文各一种，再加一种强调色。

3．文字层次明显。标题正文用不同大小字号区分，增强版式协调性。

中规中矩并无大碍，但一定要保证视觉协调性，即做好对齐、配色统一、重点突出。

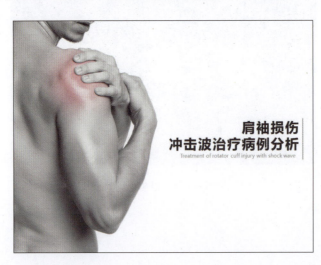

3.1.4 商务型PPT

商务型PPT界面一般相对清爽、图片开阔，多以色块辅助。

其一般特点为：

1. 色块辅助。封面、目录或图文混排，时常搭配辅助色块或辅助线条。

2. 可视化程度高。文字搭配图标，数据搭配图表。

3. 颜色偏冷色系。冷色显得更加严肃和正式。

图片来源：Pinterest

3.1.5 工作型PPT

工作型PPT目的导向更强，效用为先，以完成目标为第一要务。所以此时我们的PPT一定要提供足够价值的内容才行。工作型PPT可采取多种形式，但制作思路相似。

常用思维方式包含以下几种：

1．确定目标。PPT的目标是什么，需要解决什么问题。

2．分析听众。观众都有哪些人？各自喜好风格有无不同。

3．整体构思。寻找一条能贯穿PPT的线索，并做成目录。

4．组织材料。对内容进行提炼，总结关键词、挑选配图。

5．统一美化。针对整体版式进行美化调节。

平时工作中我们可以按照这5步思维方法来制作PPT，也可辅以思维导图来理清结构，从而大大提高效率。

3.2 建立自己的工作流程

明白了PPT的风格特点后，就应该着手建立合理的工作流程，因为这能帮你迅速梳理逻辑、结构化内容，从而顺利完成PPT的制作。制作PPT的完整流程应包括三部分。

1．梳理内容。

2．结构分类。

3. 设计模板。

每个人的思维方式不同，流程多少会有所差异，但基本的思路是不变的。

3.2.1 梳理内容

我们在正式开始制作PPT之前，应当先对内容进行系统、合理地梳理，保留最重要的内容并制成PPT。这里推荐两种梳理内容的方式。

1. 手写

在笔记本上列出大纲，将大致内容梳理完成。

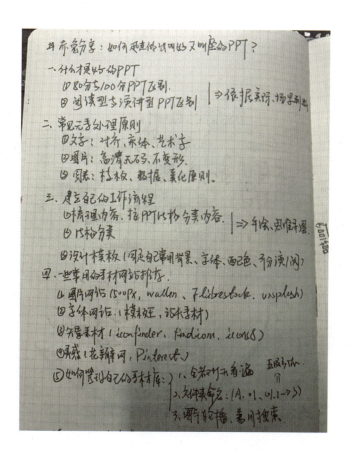

2. 思维导图

思维导图的工具有很多，这里推荐三个：XMind、百度脑图、幕布。

XMind是一款十分优秀的跨平台思维导图软件，功能强大且支持Mac和Windows。软件内附许多

PPT高手之路

模板供日常使用。XMind还有许多非常实用的功能，如演示模式、头脑风暴、导图转成PPT等。关于XMind具体使用技巧，第5章会详细讲解，这里不再赘述。

百度脑图（naotu.baidu.com）是一款非常便捷的在线思维导图工具，免安装，数据在云端存储，且支持将文件保存至本地。

幕布（mubu.com）是一款在线的思维概要整理工具，但与XMind和百度脑图不同，幕布更侧重文字逻辑化，其更适用于会议、听课记录等场景。幕布支持将文字整理成思维导图，且支持多人协作编辑。

各种思维导图工具的功能大同小异，大家只需选择适合自己的工具即可。这里以XMind为例，展示在制作PPT之前应该如何梳理内容。

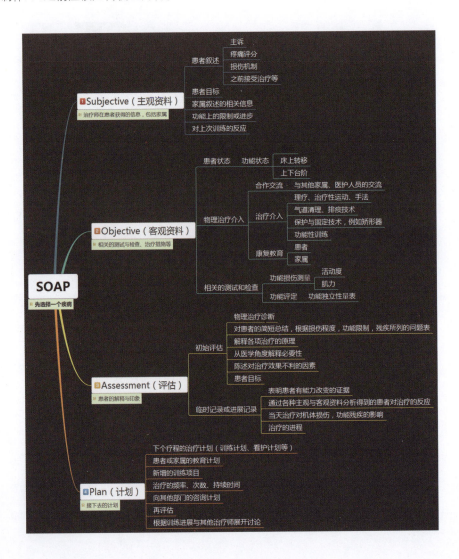

思维导图也可以采用笔记的形式，如下图所示。

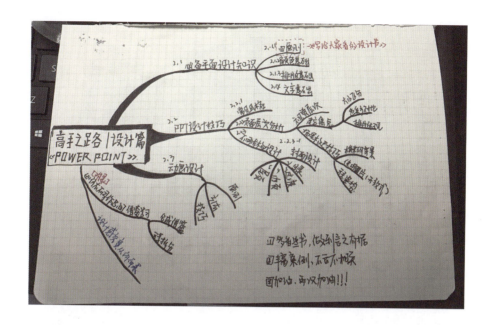

3.2.2 确立结构

一份PPT模板一般包含以下几个部分：封面、目录、过渡页、内容页、尾页。内容梳理完成后，即可把相应内容填充进去。注意，一份PPT一般分为3~4个部分比较合适，再多就会显得冗杂。比如罗永浩每次发布会有两小时之长，但他经常会按这三部分去组织内容：工业设计、硬件配置及功能、软件及操作系统。这使得内容十分清晰，演讲也更具逻辑。

图片来源：锤子科技2016年发布会

当然，结构分类的工作也可以在梳理内容时同步完成。关于各部结构设计，第9章会进行详细的叙述。

3.2.3 设计模板

设计模板是指要根据自己制作PPT的规范、风格，譬如字体、颜色、背景等，按阅读、演讲等用途设计制作一套模板。

以笔者为例，因为下面这份课件的主要用途是演讲，所以每张幻灯片只保留1~2个信息点，页面相对简洁。

背景：黑色渐变，再加透明雪花点缀。

颜色：黑、白、红。黑色为背景，字体为白色，少量红色用于提亮画面。

字体：造字工房立黑，稍微偏大，保证离得较远的观众依旧能看清。

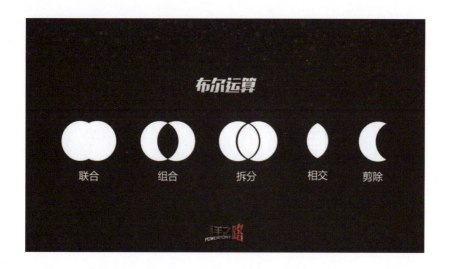

有了这份固定风格的模板后,无论什么场合、什么主题,只要内容确定,都可以快速制作PPT。

当然这是偏演讲型的PPT,阅读型以这份医院模板为例。

背景:白色(母版中制作了含浅色纹理的页面可替换)。

颜色:桔梗紫(瑞金蓝+瑞康紫)。

字体:微软雅黑+华康俪金黑。

3.3 常见元素的处理原则

PPT作为演示工具，归根结底就是各类信息的综合。而信息又由不同的元素组成，元素主要有：文本、图片、图表、形状、视频、音频。

这一节以文本、图片、图表为例，阐述这些元素的处理原则与常见误区，形状编辑之前已经叙述（布尔运算、编辑顶点），音频、视频等相对简单，故不再赘述。

3.3.1 文本

PPT文本处理三原则：少用宋体、忌用艺术字、做好对齐。

以这张幻灯片为例，问题有以下几个方面：

① 深蓝色渐变背景十分丑陋（死机蓝）；

② 字体为宋体，整体不协调；

③ 文字、图片未对齐。

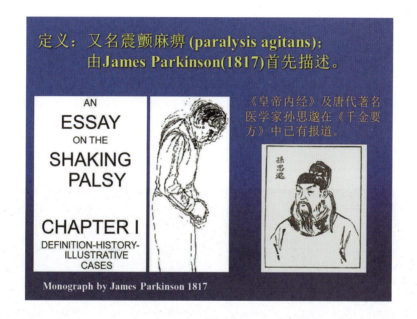

稍微修改之后的效果如下图所示，虽算不上设计感十足，但也简洁美观了许多。主要从三个方面进行了修改：

① 背景（去除渐变，使用纯色）；

② 颜色（选择色相适中的蓝色）；

③ 字体（替换宋体为微软雅黑，关键处加粗）。

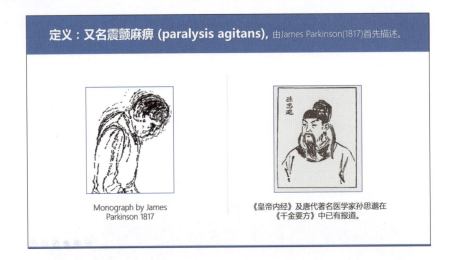

我们在制作PPT时应尽量避免使用宋体，当然用好宋体也是极好看的，但这对审美、设计要求较高。这里笔者推荐常见组合：微软雅黑+楷体。

标题和正文都可使用微软雅黑，以字号大小、颜色、加粗等方式区分，部分强调处可搭配楷体。

制作PPT时忌用艺术字。3D、倒影、棱台等效果都不建议使用，因为艺术字已经不再符合现代人的审美。

对齐是PPT中的基础操作，做好对齐，PPT基本就完成了一半。对齐本身并不复杂，只需多花些时间与耐心即可完成。文本间对齐有四种模式：左对齐、居中对齐、右对齐、两端对齐，如下图所示。

譬如这页幻灯片，制作难度不大，设计感也不够强，但看上去却很和谐，这就是对齐的作用。页面中各元素之间或元素与各边框的距离都应相等。

未做好对齐会给人杂乱之感。

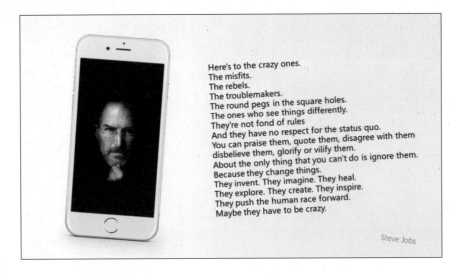

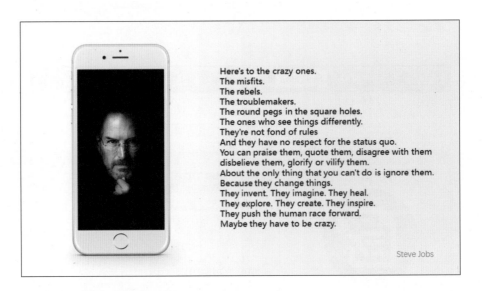

3.3.2 图片

图片处理三原则：高清、无码、不变形。

高清意指选用图片时，要选用清晰、分辨率高的图片，因为模糊、分辨率低的图片会给人粗糙、不细致的感觉。

无码意指不要使用带水印的图片(水印可通过图片后期处理去掉)。

不变形是指在对图片进行排版时，要等比例进行调节，否则会造成内容畸形等现象，影响视觉效果。

第4章
建立个人素材库

每一位设计师都有自己专属的素材库,科学系统地整理与管理素材库是提高制作效率的重要方法之一,因此笔者在本章列举常用的素材下载地址、常见的素材搜索与管理技巧,希望对各位读者能有所帮助。

PPT高手之路

PPT其实就是相关元素的组合，所以素材库十分重要。常用的素材包括模板、图片、字体、矢量、灵感五部分。

4.1 模板

笔者在这里给大家列举一些质量较好的PPT模板网站。模板的使用技巧后续章节还会详细叙述。

（1）演界网（http://www.yanj.cn）。演界网是目前国内优秀的正版PPT素材网站之一，免费付费作品都有。

（2）PPTstore（http://www.pptstore.net）。PPTstore是一个正版的PPT模板交易网站。

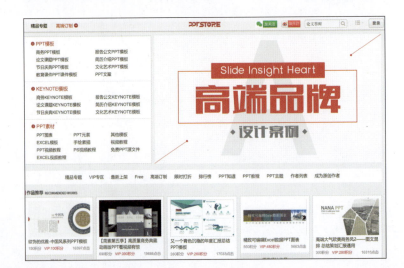

50

（3）OfficePlus（http://www.officeplus.cn）。OfficePlus是微软官方出品的Office资源网站，除PPT模板外也有许多Word、Excel的相关资源。

（4）逼格PPT（http://www.tretars.com）。逼格PPT是一个独立的博客，其模板质量都很高。

（5）51PPT模板网（http://www.51pptmoban.com）。51PPT模板网上的资源都可以免费下载，除此以外，网站还有大设计师板块，可以在此找到PPT设计师的免费作品。

4.2　图片素材

（1）500px（http://500px.com）。500px是一个国际知名的摄影师交流社区，许多优秀摄影师的作品都在此展示，搜索时需要使用英文。

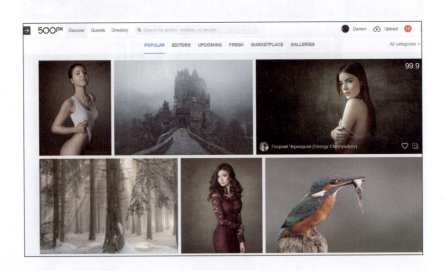

（2）Librestock（http://librestock.com）。Librestock是一个免费的图库搜索引擎，可以搜索到国外各大免费图库的图片。

（3）Pixabay（http://pixabay.com）。Pixabay除图片外，还有许多矢量素材和艺术插图，而且部分可商用。

（4）Wallhaven（http://alpha.wallhaven.cc）。Wallhaven是一个高清壁纸搜索引擎，所有壁纸均由用户而来，搜索时需使用英文。

（5）Unsplash（http://unsplash.com）。unsplash是国外一个优秀的免费图库，图片均可商用。国内许多平台的壁纸或屏保都来自于此。

（6）Pexels（http://pexels.com）。Pexels是国外一个知名的图片素材库。

（7）Gratisography（http://www.gratisography.com）。Gratisography是一个画风清奇的网站，有许多脑洞大开的图片，运用到PPT时常会产生意想不到的效果。

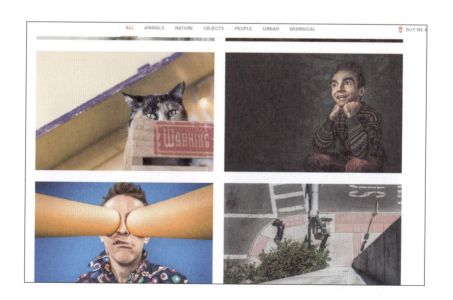

（8）多搜搜（http://duososo.com）。如果觉得在各个英文网站频繁切换会有一点烦琐，可以使用多搜搜，其支持多网站同步检索并且会自动转换英文。

PPT高手之路

> **Tips：下载小技巧**
>
> 　　如果遇到无法直接保存图片的网站，可以复制链接到imagecyborg.com，下载解压后就能获得图片了。500px或1x网站的图片可以使用这种方法保存。

图片搜索三技巧：

（1）具象化关键词。当我们想要通过图片去传达一种意境，比如失败、大气、科技等，使用这些关键词时搜索出来的结果会很宽泛，因为没有具体对象，所以我们在搜索时应该具象化关键词。比如想搜索代表科技的图片，可以搜索体现科技的元素，如星空、星球、电路板等，具象化后的搜索结果会丰富很多，其他词语也是如此。

（2）尝试不同语言。除了使用中文搜索外，还可以尝试其他语言，譬如英文、日文等，不同语言搜索得到结果也不相同。

（3）尝试不同网站。搜索时不要局限了一个网站，在不同网站往往能得到不同的结果。百度、Google、必应的结果各有差异。

4.3　字体素材

　　许多字库都支持个人免费使用，如方正、汗仪字库，建议大家去官网下载，不过注意商用时请付费。除了字库官网，还有很多网站可以下载字体，下面简单介绍几个。

　　（1）1001freefonts（http://1001freefonts.com）。1001freefonts上有许多特殊字体，效果不错但是只

有英文字体。

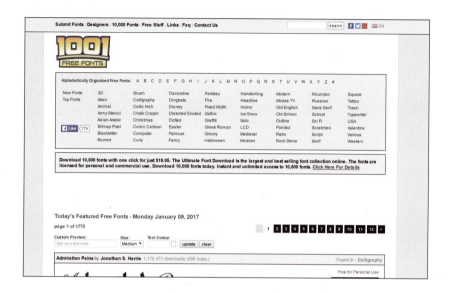

（2）模板王字库（http://www.mobanwang.com）。模板王字库上字库很全，并且有中文字体可以下载使用，不过不可以商用。

（3）求字体网（http://www.qiuziti.com）。求字体网是一个在线查字体工具，平时我们浏览网页时如果发现好看的字体，但又不知道字体名称时，可以截图保存下来使用求字体网查找。

字体不在多而在精，各位读者应该尝试找到适合自己的字库，第9章会对字体分类及知识进行详细的叙述。

4.4 矢量素材

图标是PPT可视化的技巧之一，矢量素材在PPT中的运用十分广泛，下面笔者给大家简单介绍几个矢量素材的下载网站。

（1）icons8（http://icons8.com）。icons8上图标素材很全，而且我们可以自定义颜色、尺寸后下载。

我们还可以下载icons8的客户端，这样在以后使用时就不必打开网站进行搜索了。

（2）Pictogram（http://pictogram2.com）。Pictogram是一个来自日本的矢量小人素材网站，我们平时网上看到的大多数小人图片都源自于此。

（3）Iconfinder（http://iconfinder.com）。Iconfinder是国外一个好用的矢量素材库，免费图标和收费图标都有，质量还不错。

（4）Iconfont（http://iconfont.cn）。Iconfont是阿里妈妈MUX倾力打造的矢量图标管理、交流平台。我们可以在上面下载多种格式的图标，也可利用平台将图标转换为字体。

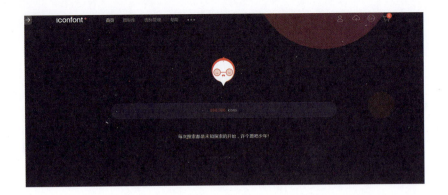

（5）Vectorhq（http://Iconfontcn.vectorhq.com）。Vectorhq有许多图标素材、矢量素材和PSD素材，这些素材可以帮助我们提高制作PPT的效率。比如直接搜索"map"，就可下载到各种地图的矢量文件，下载的素材可以直接运用到PPT中。

4.5 设计灵感

PPT属于平面设计分支，有时没灵感或不知道风格如何把控时，可以多去设计网站看一下别人的作品，模仿或借鉴过来。

（1）花瓣网（http://www.huaban.com）。花瓣网是一个国内的设计师交流社区，有许多优秀的作品值得学习。在花瓣网搜索"PPT"，会得到一系列结果，很多不错的设计值得我们借鉴学习。

第4章 建立个人素材库

（2）Pinterest（http://www.pinterest.com）。Pinterest和花瓣网的使用方法相同，不同之处是Pinterest需要使用英文进行搜索。

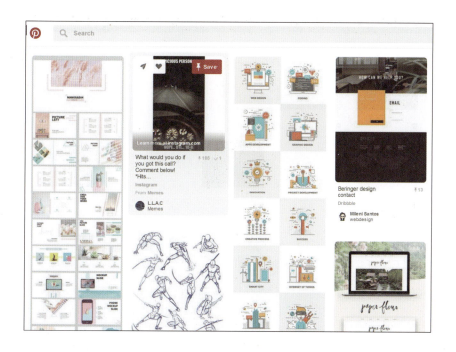

（3）Behance（http://www.benhance.net）。Behance上作品种类很多，可以按项目或领域去看不同作品。

（4）Dribbble（http://dribble.com）。Dribbble上的作品更偏向于UI风格。

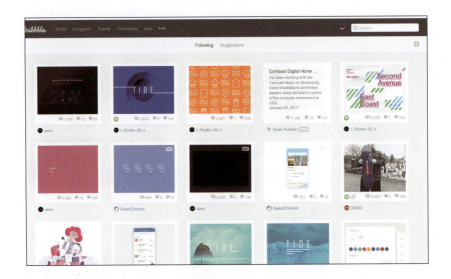

（5）Deviantant（www.deviantant.com）。Deviantant上的作品更偏向艺术插画类，CG、概念设计等作品居多。

4.6 综合网站

站酷网除素材外,还有许多设计教程、文章等,昵图网的资源则更丰富,如果想查看更多PPT相关网站,可以登录Hippter导航。

(1)站酷网(http://www.zcool.com.cn)。站酷网是国内知名的设计师交流社区,在这里不仅能看到许多优秀的作品,也能下载许多图片、矢量素材、PSD素材等内容。

PPT高手之路

（2）昵图网（http://www.nipic.com）。昵图网的素材非常全面，包含图片、矢量、PSD、CAD等素材。

（3）Hippter导航（http://www.hippter.com）。Hippter导航是一个专业的PPT资源导航网站，包含模板、素材、达人、灵感、配色、图库、资源等多个方面的内容。

4.7 管理素材

信息时代,网络资源越来越丰富,有了这些网站后搜集素材已经不再是问题,难的是如何系统、正确地管理素材,不然每次要用时还需重新检索,效率难免低下。管理素材有以下几个技巧。

(1)熟悉你的素材库。凡是下载的模板、图片、图表等素材,一定得打开看一遍,并留下标记,方便日后寻找。

(2)不下无用的素材。资源不要贪多,建立素材库,整理出自己常用的类型即可。

(3)对文件夹进行合理命名。推荐采用3~5级标题来命名,如果不够可以再加。

第一级:以字母序列为先后顺序,按常用程度建立文件夹。

名称	修改日期	类型
A.无敌资源	2015/8/12 15:53	文件夹
B.VIDEO	2015/8/12 15:26	文件夹
C.个人信息	2015/8/12 15:26	文件夹
D.摄影照片	2015/8/12 15:54	文件夹
E.电子书	2015/8/12 15:10	文件夹
F.专业资料	2015/8/12 15:26	文件夹
G.Enactus	2015/8/12 15:09	文件夹
H.硬盘自带	2015/8/12 15:53	文件夹

第二级:以数字序列为先后顺序,分类依次序建立文件夹。

名称	修改日期	类型
A01.Powerpoint	2015/8/12 15:48	文件夹
A02.Photoshop	2015/8/12 15:34	文件夹
A03.illustrator	2016/6/18 15:56	文件夹
A04.keynote	2015/8/12 15:34	文件夹
A05.C4D	2016/8/28 9:53	文件夹
A07.Painter&SAI&H5	2015/8/12 15:34	文件夹
A08.Xmind	2016/4/19 12:02	文件夹
A09.Mac软件	2015/8/12 15:52	文件夹
A09.Win软件	2015/8/12 15:53	文件夹
A10.设计素材	2015/8/12 15:53	文件夹

第三级:原则同第二级,建立子文件夹。

A01-1.自己做的	2015/8/12 15:38	文件夹
A01-2.网络搜集	2016/10/13 17:37	文件夹
A01-3.一周进步	2016/6/3 8:24	文件夹
A01-4.帮人做得	2015/8/12 15:40	文件夹
A01-5.黑历史。。	2015/8/12 15:48	文件夹
A01-6.珍藏教程	2015/8/12 15:48	文件夹
A01-7.最爱背景	2015/8/12 15:41	文件夹
A01-8.图表	2015/8/12 15:38	文件夹

以此类推，若三级不够，可以继续添加。

（4）善用搜索。频繁打开/关闭文件夹十分烦琐，使用搜索的效率会提升很多。搜索的前提是对文件熟悉或留有印象，这也是为素材加标签的原因。

这里推荐搜索工具Litary。Litary除支持搜索文件外，还可快速启动程序，是不可多得的Windows效率"神器"。如果你使用的是Macbook，可以使用Alfred，效果与Litary相同。

第5章
PPT常用辅助工具

制作一份PPT往往还会使用到许多其他工具,如PPT插件、思维导图软件、Markdown语法工具等。

PPT高手之路

想要制作一份优秀的幻灯片，需要掌握、运用的不止PPT这一款软件，有些工具能帮我们迅速理清逻辑，有些工具可以帮助我们实现PPT无法呈现的效果……因此掌握相关工具的运用也十分重要。

5.1 常用插件

1. Nordri Tools

Nordri Tools（http://www.nordritools.com）是PPT最常用插件之一。许多在PPT中需要很多步才能完成的操作，借助Nordri Tools只需一步就能完成。

Nordri Tools的功能主要有五部分：标准、设计、动画、放映、发布。

标准部分的常用功能为"一键统一"。

我们可以通过Nordri Tools直接替换字体，以避免幻灯片中出现字体不统一的情况。

设计板块的功能如下。

增删水印：可以给每页幻灯片添加水印。

原位粘贴：原位粘贴剪切板元素。

矩阵/环形复制：以矩阵或环形方式复制对象。

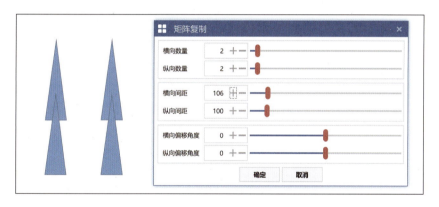

Nordri Tools的取色器与PPT内置的取色器功能相同，值得一提的是，Nordri Tools自带的色彩库，及其内置的多种可编辑主题，还可直接运用到幻灯片中。

PPT高手之路

 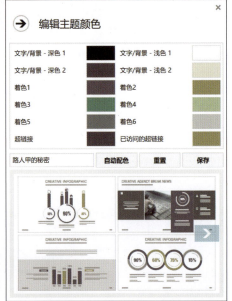

放映版块只有两个功能。

ZoomIt：可以对PPT页面任意局部进行放大或缩小，在讲课时经常用到。

播放计时：手动设置播放倒计时。

发布版块的功能如下。

第5章 PPT常用辅助工具

PPT拼图：将PPT所有页面拼接为一张长图，便于分享。

全图PPT：导出一份每个页面均为图片的PPT。

导出视频：将PPT导出为视频。

2．OneKey插件

OneKey插件（http://oktools.xyz/，简称OK）号称是"最好用的PPT设计插件"，借助它可以在PPT中轻松实现很多需要借助PS才可以实现的特效。

OK插件的功能共有六组：形状组、颜色组、三维组、图片组、图形库、其他组。

插件中比较有代表性的功能是图片组中的"图片混合"模式。

其他组中的"一键转图"（可将页面元素转成JPG格式）和"GIF工具"也非常好用。

关于OK插件的更多使用教程，推荐关注作者微博：@只为设计。

3. PPT美化大师

PPT美化大师（http://meihua.docer.com/）是一款非常好用的PPT插件，其依靠WPS平台，在线素材、资源很丰富。

美化大师主要有五个功能版块：美化、在线素材、新建、工具和资源。

美化功能：美化大师可自动美化当前的PPT，或者替换背景。

我们可以直接使用美化大师内置的一些模板、图片、形状。

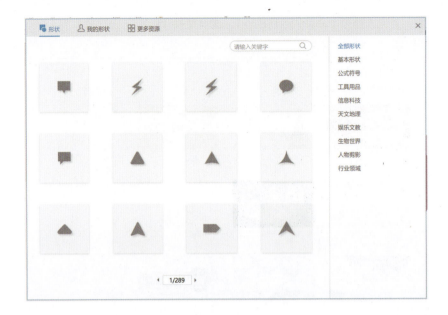

4. PA口袋动画

PA口袋动画（http://www.papocket.com/）是为PPT动画而生的一款插件。通过PA口袋动画可以快速制作原本十分复杂的动画效果。

5. iSlide

iSlide（http://www.islide.cc/）是2017年新发布的插件，本书以公测版为例进行介绍，界面及功能随版本更新可能会发生变化，请以官网版本为准。

第5章 PPT常用辅助工具

（公测版）

iSlide功能主要分四部分：设计、资源、工具、关于。

设计功能包含：设计排版和一键优化。

"设计排版"支持矩阵布局和环形布局，我们可以利用这两个功能来快速创建矩阵或环形对齐的对象。

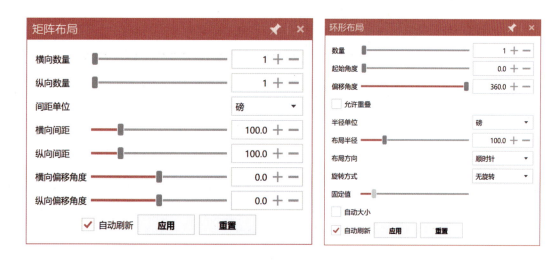

"一键优化"包含字体、段落、参考线等设置。

PPT高手之路

资源中包含色彩库、图标库、图示库、智能图表等内容。

iSlide最大亮点是可以直接利用其内置模板来制作图表,十分简单快捷。

工具中包含将PPT导出为图片、视频的功能。

5.2　XMind

评价一份PPT优劣的根本是对其内容进行评价,这也是PPT作为演示软件的根本。所以PPT内容简洁、逻辑清晰就显得十分重要了。

思维导图是理顺思路的一个重要工具,这里以XMind为例,讲解一些思维导图的制作思路及使用技巧,当然大家也可以选用其他思维导图工具,如MindManager、百度脑图、幕布等。

XMind是一款好用的跨平台思维导图工具,在Windows、Mac系统下均有客户端,软件打开后的主界面如下图所示。

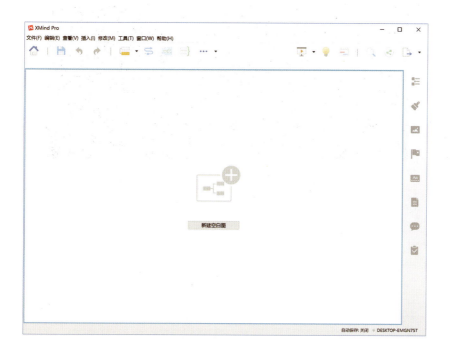

此软件使用方法相对简单,上手很容易。XMind最大的优点在于其协作功能,如支持将XMind文件直接保存到Evernote。

XMind导出功能也十分强大,我们可以将思维导图导出为PDF、JPG、PPT等格式的文件。

如下面这份导图。

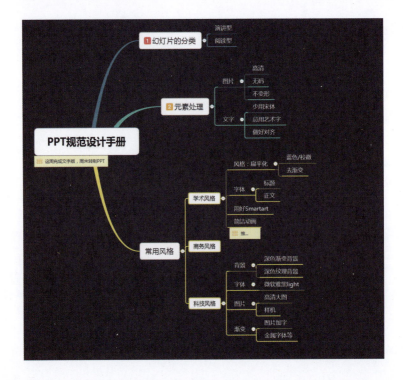

XMind导出为PPT的效果如下图所示,用XMind来做初稿的信息罗列十分快速。

除上述功能外,XMind还有许多高级功能。

第5章 PPT常用辅助工具

1. 演示模式

将做好的思维导图演示出来，辅助演讲使用。

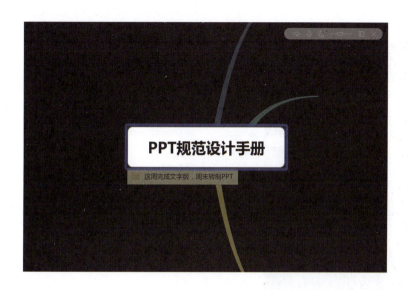

2. 头脑风暴

做思维导图时常会遇到不知道某个主题属于哪一类的情况，这时头脑风暴可以帮你解决问题。你只需要在创意工厂里罗列出想到的东西，然后再添加进思维导图即可。

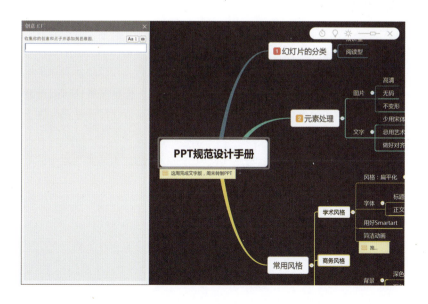

3. 超链接

高级版的XMind支持超链接功能，用户可以将某一主题链接到网站、文件等。这样带来的好处是，我们可以用XMind管理文件，形成独特的档案体系。

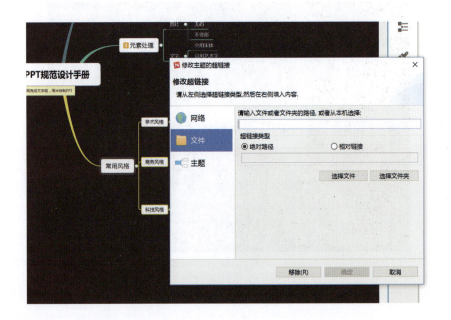

5.3　Markdown

如果说思维导图更偏向形式上的逻辑化，那么Markdown则是偏向文字的逻辑化，两者使用场景略有差异，但有异曲同工之妙。

Markdown 是一种轻量级的"标记语言"，类似HTML语法，但更简单，可以理解为通过一些简单的符号标注文字从而起到排版的作用。Markdown的优势在于可以让写作者更专注于内容，而不必时常调用工具来编辑文字格式。

常用的Markdown工具有许多，这里以马克飞象为例进行介绍。（马克飞象中的笔记可直接同步到Evernote。）

常用的Markdown语法如下图所示。

强调	*斜体* **粗体**
链接	[描述](http://example.com)
图片	![描述](example.jpg)
笔记本	@(笔记本)[标签1,标签2,标签3]
标题	标题1　　　　标题2 ========　　-------- ## 标题2　　###### 标题6
列表	1. 有序列表　- 无序列表　- [ ] 复选框 2. 有序列表　- 无序列表　- [x] 复选框
引用	> 这是引用的文字 > 引用内可以嵌套标题、列表等

根据操作系统不同,笔者推荐如下Markdown工具。

Windows:马克飞象、CMD、小书匠。

Mac OS:马克飞象、Markdown、Mou、ulysses、Mweb。

Markdown软件的使用并不复杂,大家只需记住常用语法,平时写作或记笔记时多用即可。

5.4　辅助APP

手机上有许多APP可以搭配PC使用,合理使用能起到不错的演示效果。

1. 无线鼠标

这是一款可以用手机控制电脑播放幻灯片的APP,相当于把手机变成触控笔。此软件拥有iOS和安卓版本。

2．ENFRAME/带壳截图

一款利用手机制作样机的APP，可以给截图加上手机壳装饰，还可以自由选择设备。可以把制作好的素材直接导入PPT中进行展示，效果不错。

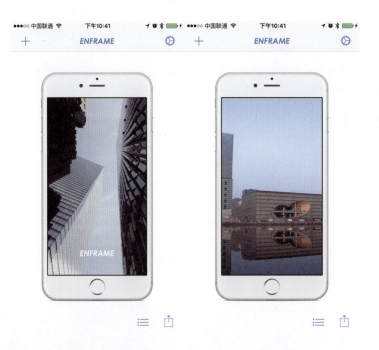

3. 创客贴

创客贴不是APP，它是一款在线设计工具，网址是www.chuangkit.com。创客贴根据不同用途提供了各式模板。

使用相对简单，打开模板后直接编辑即可。

第6章
设计四原则

设计四原则是平面设计最基础的原则，掌握这部分能让我们在PPT的制作过程中避免许多排版上的低级错误，使得版面更加好看。

6.1 亲密

亲密是指将相关元素组织在一起,变成一个视觉单元,有意识地引导阅读顺序与视线移动,使得页面从视觉上看更有条理,让信息表达得更清楚。

注意事项:

① 页面上避免太多孤立元素;

② 页面元素不超过5个;

③ 元素间必须有关系才能组合。

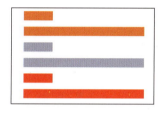

除色块外,内容也应遵循亲密原则。譬如名片上的地址、联系电话等内容应和姓名、职位等内容区分开。

有时不同内容可以应用不同的字体或字号进行区分。

6.2 对齐

任何元素都不应在页面上随意安放,每项元素应与页面上的内容存在视觉联系。也许这些元素在页面间相隔较远,但通过适当摆放位置,可以让它们看上去有关系。

文字间有四种对齐模式:左对齐、居中对齐、右对齐、两端对齐。

不同对齐模式效果不同,具体选择哪种方式应依据内容决定。

注意事项:

① 避免一个页面出现多种文本对齐方式;

② 尽量避免使用居中对齐(避免页面排版过于乏味)。

6.3 重复

重复是指让页面中的视觉元素,如颜色、形状、字体等,反复出现,从而增加条理性和统一性。PPT中常见的重复形式有如下几种。

1. 标题版式重复

2．内页版式重复

内页是PPT的组成部分，内页版式应保持风格统一，从而增加PPT的整体性。

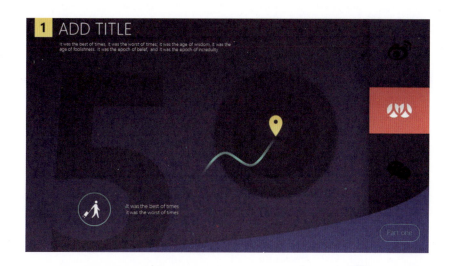

注意事项：

① 避免大量重复一个元素；

② 增加适合重复的元素。

6.4 对比

对比是为页面增加视觉效果的最有效途径。对比可用来组织信息、清晰层次，在页面上引导阅读、制造焦点。常见的对比形式有：大小对比、颜色对比、形状对比、深浅对比、距离对比。

注意事项：
① 避免在单个页面内使用两种或多种相似字体；
② 对比元素不能混淆，也不能错误地强调重点。

第 7 章
配色基础

色彩也是设计中的一项重要内容,色彩原理(RGB与CMYK)、色彩三属性、色调等都是必须掌握的概念,本章介绍在PPT制作过程中应该用何种方法来快速决定所用颜色。

7.1 必须知道的色彩原理

7.1.1 RGB与CMYK

17世纪以前,人们普遍遵从亚里士多德的观点,认为光是白色的。直到牛顿后来的棱镜色散实验,人们才发现光原来是由七种颜色(红、橙、黄、绿、青、蓝、紫)组成的。

颜色的本质,是光。光照射在物体上,没有被吸收的部分产生反射,由于物体材质不同,导致吸收的光谱不同,也就形成了不同的颜色。现代常用的色彩体系有两种:RGB和CMYK。

按照光线波长不同,我们可以分为R(红色)、G(绿色)、B(蓝色)三个通道颜色,也就是光的三原色。我们再把每个颜色分为256(0~255)个维度,这样就得到了RGB数值,比如(0,0,0)(255,255,255)等。

有时候我们也会看到各种颜色代码,比如#00FF00,具体换算相对复杂。你只需要知道后面6位字符代表的是RGB数值就可以了,#00FF00 = RGB(0,255,0)。

平时我们常见的电视、显示器、网页等都采用RGB色彩模式。但由于三原色混合不太可能达到纯黑的效果,所以印刷时会加上K(黑色),这就形成了CMYK模式。

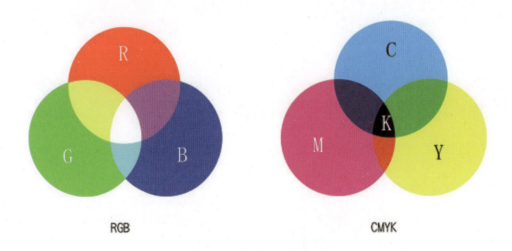

RGB　　　　　　　　　　　CMYK

除了RGB和CMYK模式,还有一种色彩模式:HSL(色相H、饱和度S、明度L)。我们可以通过三种颜色通道的变化以及它们之间的相互叠加来得到各式各样的颜色。

PPT支持RGB调色和HSL调色。

7.1.2 色彩三属性

色彩有"色相""明度""纯度"三个属性,改变这三个属性可以对颜色进行任意的调整。

1. 色相

色相是指颜色本身的颜色,色相通常被分成6种基本色——红、橙、黄、绿、蓝、紫,及六种中间色——橙红、黄红、黄绿、青绿、蓝紫、红紫,共12种。

2. 明度

明度是指颜色的明亮程度。颜色中加入白色,明度升高;加入黑色,明度下降。同色系色彩是指同一颜色在不同明度下的色彩表现。

3. 纯度

纯度是指色彩的鲜艳程度。纯色最高的色彩被称为"纯色"，随着其他色彩的加入，纯度将降低，色相也会发生变化。纯度最低的颜色是灰色，即无彩色。

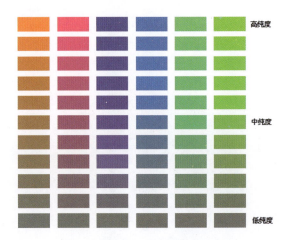

7.1.3 色调

色调是指色彩浓淡、强弱程度，是通过色彩的明度和纯度综合表现色彩状态的概念。色调一致时，画面颜色一般都比较协调。色调可分为三种：高色调、中色调、低色调。

① 高色调：纯色中混合白色形成的色调。

② 中色调：纯色中混合灰色形成的色调。

③ 低色调：纯色中混合黑色形成的色调。

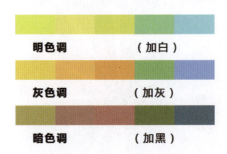

色调是对颜色的整体评价，在冷暖上可分为：冷色调与暖色调。暖色调一般体现激情、活跃、兴奋等印象；冷色调一般体现稳重、安静等印象。

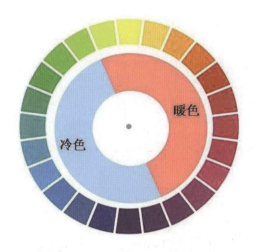

7.2 如何快速决定PPT的颜色

以上是关于颜色基础理论的一些叙述，了解这些才能对色彩认识得更清晰、更透彻。知晓理论以后，我们应如何解决PPT的颜色问题？

两个方案：行业色、主题色。

7.2.1 行业色

不同行业有不同的色彩规范，遵守这些原则也十分重要。譬如党政机关，要以大红色为主。

图片来源：花瓣网

科技或IT公司一般倾向蓝色或其他深色系颜色。

环保型企业倾向绿色、青色等。

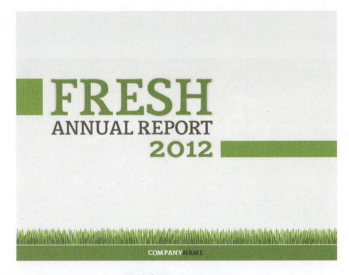

图片来源：Pinterest

7.2.2 主题色

主题色应依据PPT内容而定。比如大鱼海棠的模板，考虑到大鱼的整体色彩，自然以红色为主，再加些黄色进行补充，最后辅以其他颜色。其他主题的道理相同，比如答辩PPT，一般都会选择蓝色、紫色等。

第8章
排版基础

排版的核心是：合适的元素出现在合适的地方。在PPT中，排版能使得信息的传递与呈现更加合理。

8.1 控制图版率

图版率是印刷术语,是指在页面中图片所占面积的比例,与版面率类似。本书用图版率来理解PPT页面的构成,页面中图片越多,图版率越高,需要阅读的内容越少。因此图版率是衡量页面内容多少的标准之一。

当页面只有一张图片时,图版率为100%。

随着文字或其他内容增加,图版率逐渐降低。

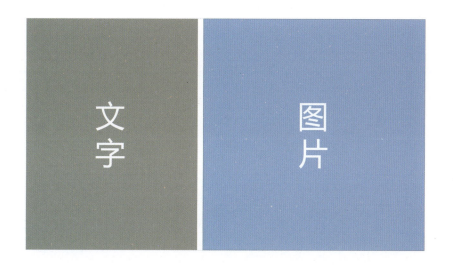

比如下面的PPT。

我们可以通过图版率去理解页面构成，然后通过图像的数量和尺寸来控制图版率，最终影响呈现的视觉效果。当然也可以通过精确测量页面元素的数据计算图版率，但在PPT设计过程中并无必要。

在制作PPT的过程中，时常会遇到这样情况：页面文字太多又很难删减，很难添加图片。这是由于页面文字比重过大，可适当提高图版率。

此时我们可以通过修改页面底色来增加图版率。

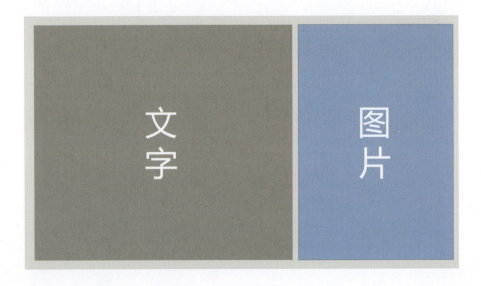

值得注意得是，修改页面底色来增加图版率最多只能改变页面所呈现的视觉感受，并不能改变"阅读"和"观看"的比例，所以还是应从内容结构上去调整图版率。

比如下面的幻灯片。

修改页面底色后，使人感觉图片在页面中的占比更大。

同理，如果页面图版率过高时也应适当降低。可以通过增加一个色块来减少图片比例，使得文字更加突出，从而降低图版率，如下图所示。

8.2 将页面划分为方块

在内容进行排版的过程中,如果没有任何参照标准,排版工作会相对困难,我们可以把页面划分几个部分,然后采用一定的模式来进行排版设计。常见的PPT版式只有16∶9和4∶3两种,我们可以再把页面划分成更小的方块。

可以直接在PPT中插入形状来得到方块。

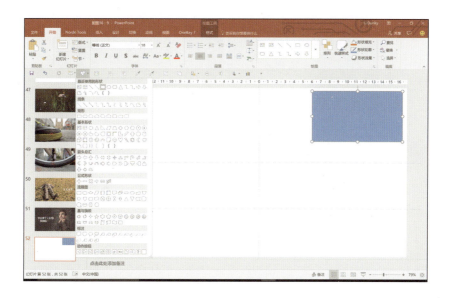

16∶9的幻灯片可划分为6个方块。

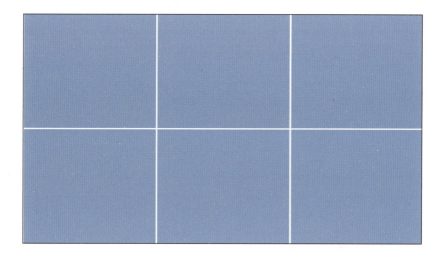

4∶3的幻灯片可划分为4个方块。

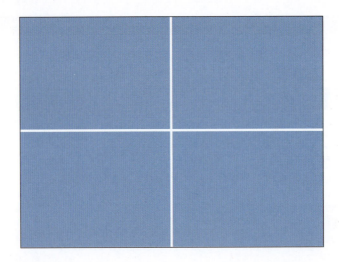

　　划分页面区域并无标准，用户可以依据具体需求进行添加，方框数量越多，排版受到的限制越多，这种方式可以帮助我们去思考版面的安排。

　　使用形状辅助的设计比那些完全自由的设计更容易做出整齐规矩的视觉效果，但会失去一些灵活性，具体尺度应在排版时具体考虑。

　　我们可以在一个方框中安排一个内容，也可以在多个方框中安排同一个内容，通过这样方式来调整内容在页面中的分配比重，避免版式显得单调。

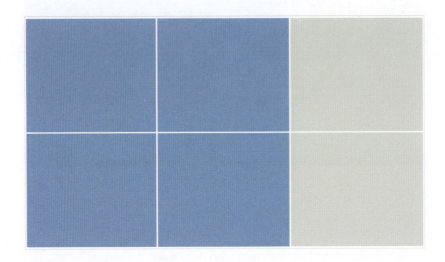

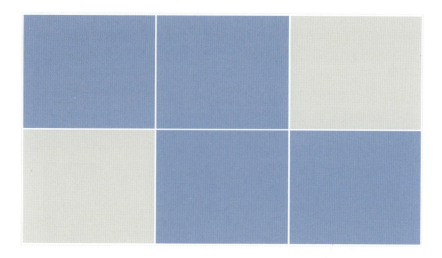

可以用方块来检查页面排版是否存在问题。

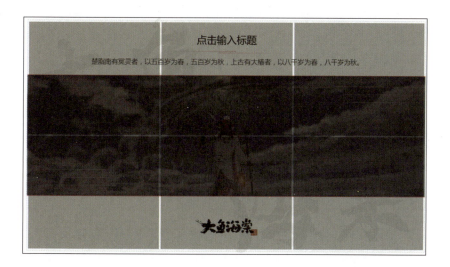

应当保证内容在各方块间均匀分布,不要出现某块过多或过少导致画面失衡的情况。这个方法也可以与手绘相结合,在纸上迅速画好草稿后,再在PPT中完成制作。

8.3 正确的先后顺序

当页面内容较多时,必然存在着视觉上的先后顺序,在PPT中可以通过顺序来体现不同内容的重要程度从而起到引导视觉的效果。我们也把内容在页面中所占比例称为"优先率",改变优先率大致有以下几种方法。

1. 图片大小

以图片大小来区分内容的先后顺序。大小相同的图片会让人觉得没有主次之分,可以通过将其中一些图片放大从而提高优先率,起到增强视觉效果的作用。

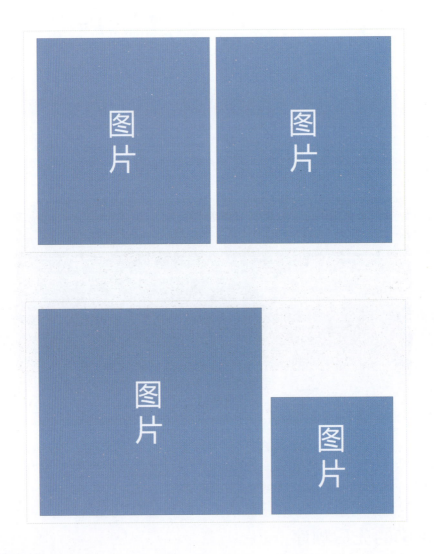

2. 文字大小

以文字大小来区分内容的先后顺序。这一点主要体现在标题、副标题、正文之间,通过字号、加粗、下画线这些方式来区分每一部分。

> 高手之路
> ————————————
> 一本脱离了高级趣味的书
>
> （通过大小来区分）
>
> **高手之路**
> ————————————
> 一本脱离了高级趣味的书
>
> （通过加粗来区分）

3．颜色和形状

颜色和形状也可以用来差别化处理内容，特殊的形状更容易引起注意。纯度高的颜色比纯度低的更显眼，如下图所示。

PPT高手之路

多个颜色中如果混入一种不同的颜色，将会十分引人注意，如下图所示。

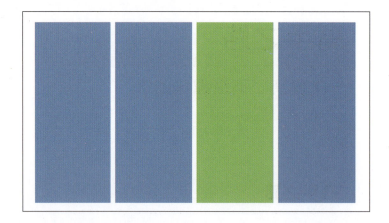

在幻灯片中也可以采用形状来进行区分，仅有两个不同形状时，很难区分哪个更显眼，如下图所示。

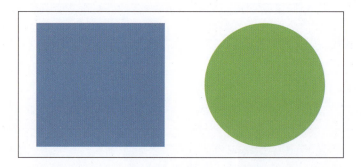

但是多个相同形状中混入一个不同形状时，不同形状的内容会很容易吸引注意力，如下图所示。

4．阅读顺序

页面内容的排版情况决定了阅读的先后顺序，一定要慎重考虑当前的排版是否能够让别人正确地阅读页面内容。人们的视线移动方式通常都是从左上到右下，因此我们在排版内容时应遵循这个规律，避免读者不知从何处开始阅读。

8.4 巧用留白

8.4.1 减轻页面压迫感

页面内容多时，会给人带来一种狭窄的感觉，让人看得十分疲劳，适当留白可缓解这种不适感，也能使内容更加突出。留白比例无固定数值，一般保证页面只有1~3个信息点即可，其余部分可作留白处理。

8.4.2 突出重点

用户体验设计中有一个原则——KISS原则（Keep it Simple and Stupid），意思是设计要尽量简洁，没有门槛，让人一下就能看懂。幻灯片也是如此，展示时最重要就是让人理解页面所呈现的内容，而留白就是实现突出重点的方式之一。

突出重点原则在封面页中十分常见，如下图所示。

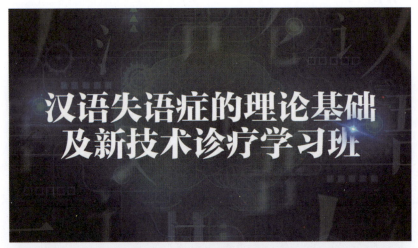

8.4.3 统一版面

PPT与海报不同，它有许多页，所以设计PPT时需要注意不同页面间的统一、协调，否则单页好看，整体视觉效果显得杂乱就太可惜了，统一版面有以下几个要点。

1．保持页边距相同
不同页面的边距都应相同。

2．固定版式结构
一份PPT中，内页版式不宜过多，1~2种较为合适。

第9章
PPT设计基础

9.1 常见PPT风格

不同场合需要运用不同风格的PPT，下面介绍一些最常见、也最常用的风格。

9.1.1 扁平风格

扁平化是近几年在视觉传达设计领域逐渐兴起的一种设计风格，现已被广泛运用到界面设计、交互设计等场景中，扁平化设计可以看做是极简风格的回归，但扁平化又与艺术极简不同，其更加注重功能、信息的呈现。

1. 起源

第二次世界大战结束后，平面设计经历了一段时间的停滞。20世纪50年代，一种被称为"瑞士平面设计风格"（Swiss Design）的崭新的平面设计风格在联邦德国与瑞士形成，这种风格简单明了，传达功能准确，因此很快风靡全球，成为二战后影响最大、最流行的设计风格，因此又被称为"国际主义平面设计风格"（The International Typographic Style）。下图为瑞士风格的海报。

瑞士风格基于无衬线字体和网格结构，层次分明、视觉效果明确。扁平化风格与瑞士风格如出一辙，同样采用非衬线字体和简洁画面，不过扁平化更注重符号与图形的使用，从而使得信息更加突出。

扁平化的流行不是一蹴而就的，最先体现扁平化设计理念的产品是微软Windows 8的Metro界面，但当时其饱受诟病，直到iOS7推出以后人们才逐渐开始接受扁平化的风格。

2．拟物化与扁平化

近些年来扁平化以便捷、简洁等特性快速普及，有取代拟物化的趋势。其实，两种设计风格并没有好坏之分，我们应根据场景、需求的具体情况使用不同的风格。

拟物化可以理解为对现实世界的还原，使得数字作品与现实世界联系起来，因此拟物化的作品往往细节十分丰富。不过随着科技的快速发展，拟物化这种过于注意细节的设计显得有些跟不上节奏，无法满足快速识别的需求。

图片来源：Dribble

目前手机系统的风格以扁平化为主，这有利于用户快速识别使用APP，但扁平化的泛滥导致了用户的审美疲劳。

3．扁平化的特点

从拟物化到扁平化不仅仅只是去除一些特殊效果，而是从视觉和信息传递方面同步进行修改。

扁平化PPT制作门槛降低，适应场景广，可用于各类演讲、汇报、答辩等。

我们可以从图形、色彩、字体三个方面来把控，迅速做出一份扁平化风格的PPT。

图形几何化。在拟物化风格的图片中，细节十分复杂，包含光线、色彩、阴影等诸多内容，而扁平化则不需要这些扁平化风格的图片，只需一些简单的几何形状，如下图所示。

平时我们在制作PPT时并不需要手动进行扁平化处理，只需搜寻相关素材即可。

我们在制作扁平化PPT时除使用图标外，还可以使用色块。

组合使用色块，利用色块大小、颜色、形状等内容的不同可以产生丰富的层次变化。

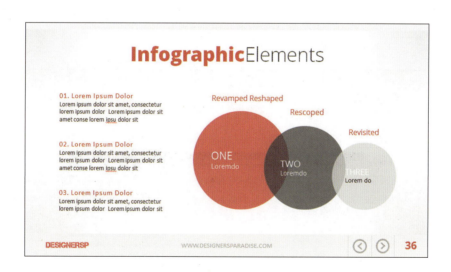

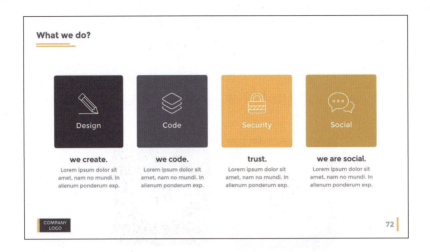

色彩扁平化。配色也是扁平化设计的关键，配色扁平化的原则是：仅保留主要信息的颜色，去除多余装饰，通过对色彩的色相、明度、纯度等进行对比，制造出层次感。色彩扁平化主要分为单色系和双色系两种。

单色系是指同一界面只选用同一种颜色，但辅以不同纯度、不同明度的同类色，这可使得页面一致性更强，又不失层次感。选择颜色时尽量选择高纯度的鲜亮颜色，再搭配白色或黑色字体等。确定好主色以后，可以在PPT的颜色面板中使用HSL颜色模式来调节色调、饱和度或亮度。

多色系是指在扁平化风格中使用多种色彩。注意：并不是任何颜色都符合扁平化风格的特点，选色时应当以明亮、高饱和度的色彩为主。如Flatuicolor（http://flatuicolors.com/）上的颜色。

扁平多色彩可以给人一种活泼的感觉,如下图所示。

字体去衬线。字体在扁平化设计中有十分重要的作用。扁平化设计中倾向使用笔画粗细一致的字体,无衬线装饰,这样会使页面更加整齐,使文字可读性更高。

9.1.2　UI风格

UI是User Interface(用户界面)的简称。UI设计是指对软件的人机交互、操作逻辑、界面美观等内容进行设计。UI设计的种类很多,Web与APP的标准不同,Android与iOS也都有各自的规范。

"形式追随功能"是UI设计的大原则,这与PPT的设计原则相同,首先保证信息准确传达,其次考虑形式,设计必不可少,但不能喧宾夺主。

我们在制作PPT可以吸收UI设计中的技巧、理念。

UI设计主要分类有平面设计、Web前端设计、移动端设计、交互设计。目前流行的设计风格有Metro、Material Design、iOS等，这里分析一些常见UI的设计元素，并阐述如何将其应用到PPT中。

1. 卡片式设计

卡片式设计被广泛运用于各式UI风格中，卡片式设计将文字和图片等内容组合在一起，使得视觉上更加规范。

卡片式设计在页面设计中有十分重要的作用。

信息统一：卡片式设计可将文字、图片等信息局限在卡片中，再通过卡片重复使得页面达到统一，因此卡片式设计可以起到快速梳理信息的作用。

第9章　PPT设计基础

信息强调：如果想要强调某部分，可通过重构大小、改变颜色、增加阴影等方式来强化页面局部，从而起到强调的作用，如下图所示。

页面平衡：卡片天然具有对称性，其本身就已处于平衡状态，这使得排版简单化，从而解决页面平衡的问题。

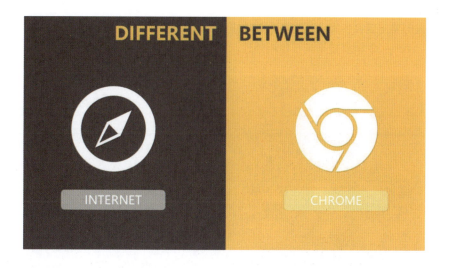

2．渐变

渐变也是UI设计中常用方式，其时常用在各类LOGO、背景或界面中。

117

3. 模糊

模糊效果时常出现在各类UI动效中，iOS使用得非常广泛。我们可以将这种风格结合到PPT中。Mac OS启动Launchpad时背景就采用了模糊处理。

若想制作一份UI风格的PPT,应当注意卡片、渐变、模糊三元素的搭配使用。

9.1.3 欧美风格

1866年,法国的朱尔斯·谢雷特在巴黎的印刷厂制作出第一张彩色的平版招贴,象征着现代招贴广告的产生。(招贴,又名"海报"或"宣传画",属于户外广告,广泛分布在各类公共场所,也被称为"瞬间"的街头艺术。)随着20世纪图形设计师的出现和介入,招贴设计逐渐流传开来。

由于地域、文化和经济等差异,世界各国的招贴设计呈现不同的特色,在招贴艺术发展最成熟的欧洲和北美地区,大致有四大学派:德国学派、瑞士学派、波兰学派和美国学派。

目前网络上所称的欧美风也就是从此演变而来的。欧美互联网发展相对较早,在过去几十年中,欧美网站逐渐累积形成了自己的设计风格和视觉效果。

欧美风格强调图片、文字、色块的搭配使用。

1. 图片

许多国外设计师的网页设计作品的用图十分讲究,内容以风景、建筑、人物居多,图片色彩明快,视觉效果清爽。

2. 文字

欧美系网站的文字通常并不复杂,以非衬线字体(微软雅黑、Helvetica)为主,重点部分放大字号或加粗显示,偶尔可见标题使用特殊字体来增加设计感。

3. 色块使用

仔细观察并不难发现,色块在欧美风格中运用也十分广泛,网站通过改变色块的透明度或形状来搭配图片与文字等。

9.1.4 中国风

中国风,即中国风格,是建立在中国传统文化的基础上、蕴含大量中国元素的艺术形式。

中国风的设计风格也很多,下面这些作品都可归为中国风作品。

中国风是一种整体风格,只要设计中运用到与之相关的元素,从而使得整体视觉效果符合中国传统事物给人的感觉,都可以称为中国风。

制作中国风PPT时应当注意以下几点。

1. 元素

细节是风格的体现,如果想要展现中国风,就必须使用与之相关的元素,如灯笼、花纹、鞭炮、祥云等。

2. 图片

图片依旧是十分重要的环节,中国风与欧美风不同,欧美风通常使用大气、开阔类的图片,而中国风则要求使用偏传统风格、具有中国传统的人或物的图片。

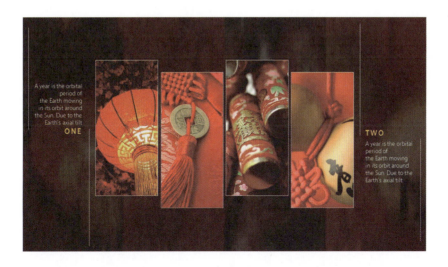

3. 字体

正文字体依旧可以使用非衬线字体,以保证信息清晰明了。标题则可采用中式书法等艺术字体,常见的字体有:叶根友刀锋黑草、邯郸-韩绍杰邯郸体、造字工房尚雅体演示版常规体、苏新诗毛糙体简、方正清刻本悦宋等。

9.1.5 手绘风格

手绘风格也十分常见,不同于其他风格设计,手绘更加灵活自由,给人的亲近感更强。手绘风格也是目前流行的设计风格之一。

手绘对于设计师要求较高,我们在制作PPT的过程中,没有必要处理得特别复杂,只需要通过一些元素体现手绘风格即可。

比如使用一些手绘风格的图标、图表、图形等。

第9章 PPT设计基础

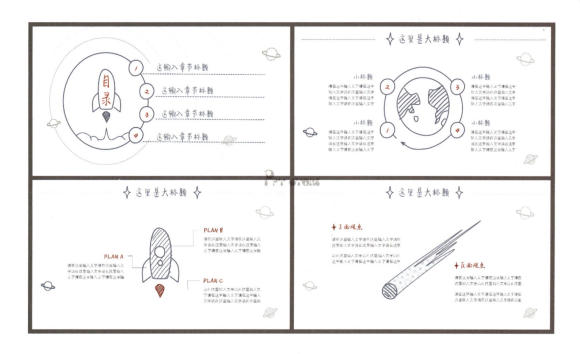

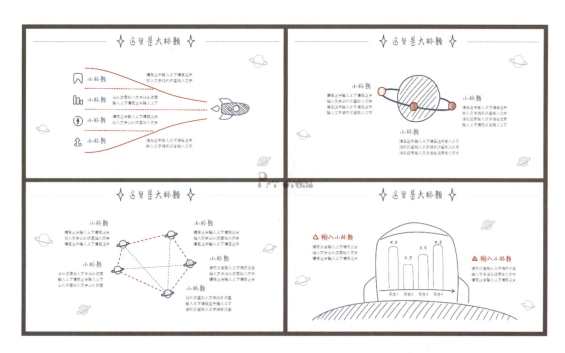

123

9.2 视觉层次分析

熟悉Photoshop的读者肯定知道图层原理,我们看到的所有平面设计作品,都不是单一对象,而是各个元素分散在不同的图层里,统一呈现出来。

PPT也是如此,一个页面不是只有一个元素,而是多个不同元素按次序、层次等顺序组合的综合体。

窗格是PPT设计者必须知道的功能,其类似于Photoshop的图层开关。PPT中操作窗格的操作步骤为:【开始】→【选择】→【选择窗格】。

9.2.1 图像视觉层次的组成

画面元素之间的视觉层次类似于摄影中的透视,可分为前景、中景、远景。当前景是视觉中心时,中景和远景则一般都进行模糊处理,反之亦然。加强视觉层次的方法大致有三种:大小、明暗、清晰度。

除图像外,页面中所有的元素都可以这样分析,比如下面的网页设计作品使用了一些蒙版或模糊效果将前后主题区分开。

9.2.2 文字视觉层次的组成

第一层次是最重要的内容,排版时应当让人一目了然,比如标题。

PPT高手之路

第二层次一般是为了整合设计，把相关信息链接起来。它不能与第一层级的元素一样明显，但还是应该起到引导阅读的作用。

第三层次一般是完整的信息，通常是一段文字、备注等，字体可以稍小但要保持可读性。

9.2.3 划分视觉层次的方法

大小、颜色、字体。文字间视觉层次决定了阅读顺序，我们可以通过一些文字大小、颜色、字体等方法来区分文字视觉层次。

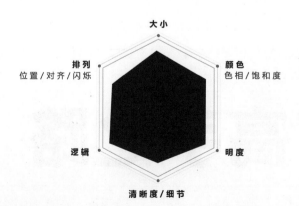

点、线、面。 标题与副标题、正文间可以用这种方式划分。

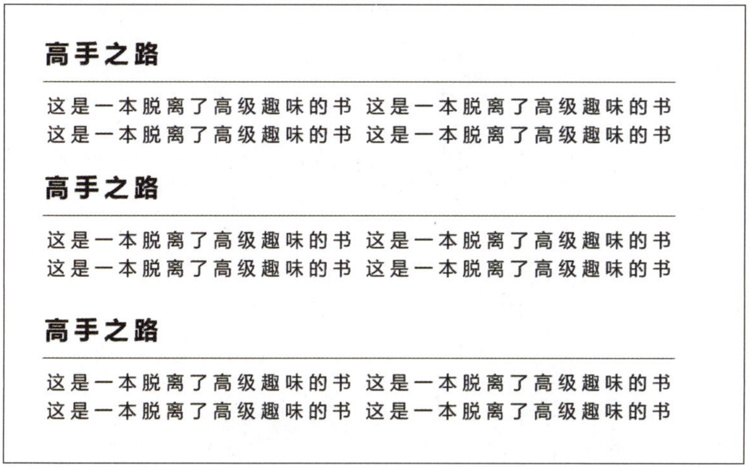

```
高手之路
─────────────────────────────
这是一本脱离了高级趣味的书  这是一本脱离了高级趣味的书
这是一本脱离了高级趣味的书  这是一本脱离了高级趣味的书

高手之路
─────────────────────────────
这是一本脱离了高级趣味的书  这是一本脱离了高级趣味的书
这是一本脱离了高级趣味的书  这是一本脱离了高级趣味的书

高手之路
─────────────────────────────
这是一本脱离了高级趣味的书  这是一本脱离了高级趣味的书
这是一本脱离了高级趣味的书  这是一本脱离了高级趣味的书
```

9.2.4 视觉层级表达的四项原则

① 确保标题、副标题、正文字号逐渐减小。

字体从大到小，可以让人依次序去阅读。标题可以使用较大且明显的字体，副标题应相对较小的字体，正文应该使用最小且清晰易读的字体，但要注意避免使用复杂的字体和刺眼的颜色。

② 利用大小强调重要性。

最重要的元素是最大的，越不重要的元素尺寸越小。

③ 修改颜色作为视觉亮点。

使用明亮的颜色也能有效吸引眼球，让元素成为视觉焦点。

④ 善用不同字体。

不同的字体有不同的风格，使用不同字体对创建视觉层次非常有帮助。

9.2.5 场景构建

场景其实是Matte Painting（数字绘景）中的概念，场景可以与PPT结合，让画面更丰富。

1．模糊背景

模糊背景是Photoshop合成中常用的技巧，其可以使场景更加和谐。

PPT是平面设计的分支，因此我们可以借鉴运用模糊背景，下图使用了Photoshop中的径向模糊功能。

我们也可以使用其他类型的艺术效果。PPT中的操作步骤为：【格式】→【艺术效果】。

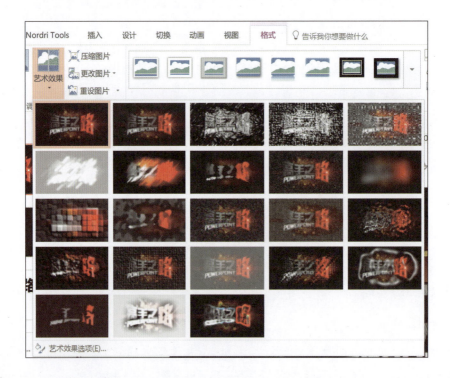

也可以增加一些黑白来模拟漫画效果,如下图所示。

2. 使用蒙版

蒙版是使得文字与背景分离的方法之一,构建场景时可以采用如下方法。

① 使用相关图片。选择与文字、前景等相关的图片。

② 开放式构图。开放式构图是摄影中常用的手法,其特点是只展示图片的部分内容,以引人想象,我们也可以将其运用到PPT中来。

3. 元素装饰

除对背景图片进行处理外，我们还可以对前景做处理，以使得场景看上去很丰富。

前景处理的常见手法是添加元素装饰，如添加树叶、烟雾、云层等。在PPT中也可以如此，我们可以结合模糊效果来添加相关元素。

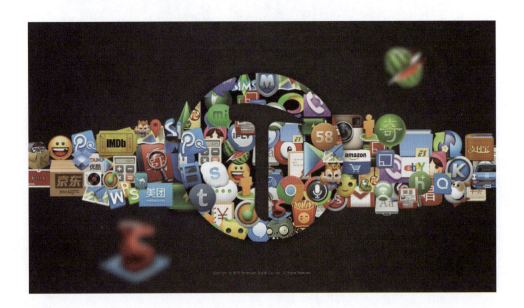

9.3 常用结构设计

9.3.1 封面

封面是PPT的首页，也是整个PPT最重要的部分之一，封面决定了PPT给人的第一印象。封面可大致分为两类：文字型、图文结合型。

1. 文字型

文字为主的封面一般简洁干净，通常幻灯片的主题就是封面标题。

文字型PPT的标题分为三种：左对齐、居中对齐、右对齐。

> **PPT高手之路**
> POWERPOINT MASTER ROAD
> It was the best of times, it was the worst of times, it was the age of wisdom, it was the age of foolishness, it was the epoch of belief, and it was the epoch of incredulity, it was the season of light, and it was the season of darkness, it was the spring of hope, and it was the winter of despair.

当标题字号较大时,可替换字体以保持页面比例协调。

> *PPT高手之路*
> POWERPOINT MASTER ROAD
> It was the best of times, it was the worst of times, it was the age of wisdom, it was the age of foolishness, it was the epoch of belief, and it was the epoch of incredulity, it was the season of light, and it was the season of darkness, it was the spring of hope, and it was the winter of despair.

也可适当添加辅助色块以强调内容,还可适当辅助英文使视觉效果更好。

> **PPT高手之路**
> POWERPOINT MASTER ROAD
> It was the best of times, it was the worst of times, it was the age of wisdom, it was the age of foolishness, it was the epoch of belief, and it was the epoch of incredulity, it was the season of light, and it was the season of darkness, it was the spring of hope, and it was the winter of despair.

纯文字的页面会显得有些单调,可以搭配一些图表、LOGO等来增加设计感。

也可用形状、图片等装饰背景，避免页面过于单调。

2．图文结合型

图片是制作封面时常用的素材，图文结合型PPT大致可分为两类：全图型、半图型。

① 全图型。

全图型PPT使用重点在于选择图片，图片确定后才思考标题位置。

选用图片需要注意以下两点。

内容相关：要选择与标题内容相关的图片。

视觉冲击：尽可能使用有创意、视觉冲击力强的图片。

添加标题时要注意文字在图片中的位置。

如果直接添加标题显得杂乱,可考虑先添加一层蒙版,在蒙版上添加标题。也可以使用局部色块或整体色块遮盖图片后再添加标题。

② 半图型。

半图型封面也十分常见,一半图像一半文字的设计既保证了较强的画面视觉效果,又保证了页面视觉的平衡。

9.3.2 目录

在《辞海》中"目"是"条目、目录"的意思,"录"是"记录"的意思,因此我们可以把目录理解为以一定次序排列以记录PPT内容的工具。

目录是PPT的重要组成部分之一。优秀的目录应当在正确传达信息的同时,又具备良好的视觉效果。

目录有以下两个功能。

检索功能：目录与内容对应，用来定位。

导读功能：通过目录方便观众迅速了解信息。

PPT中的目录设计无须像书籍设计中那般复杂，清晰明了即可。

PPT中的目录设计可围绕以下两点展开。

1．版式设计

目录页内容一般以3~4部分为宜，关系一般为并列或递进，不同关系可用不同版式进行体现。

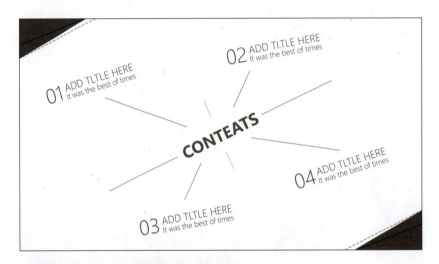

并列关系可采用横竖对齐的形式，递进关系则可采用时间轴的形式。

2．图形设计

① 使用图片。

图片在目录中的使用也十分广泛，图片可用作背景也可搭配文字使用。

② 使用图标。

设计PPT目录可以使用图标或符号结合标题来呈现目录页内容，并列关系可用对齐形式，递进关系可加引导线。

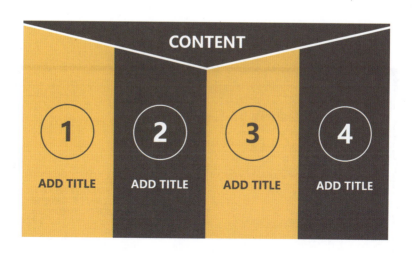

目录图形设计大致就是以上这两类方法，具体运用时可再结合各种创意进行呈现，这也是设计的乐趣之一。

9.3.3 过渡页

过渡页是PPT各部分之间的转折页,起到承上启下作用。因此我们在设计过渡页时应当注意转折突出,醒目明了。

9.3.4 内页

"内页"即"内容页",是PPT内容的呈现页面,因此内页必须将准确传达信息放在第一位。

PPT中的内页可分为三种版式:封闭式、半封闭式、开放式。

① 封闭式。

封闭式内页的运用十分广泛,常用于各类汇报、总结等场合,特点为深色背景同时使用矩形框将内容封闭,从而起到集中视觉的效果。

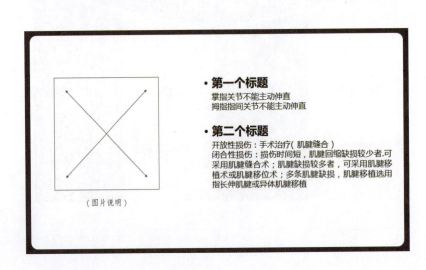

② 半封闭式。

半封闭常在一侧使用色块封闭并添加标题,起到强调标题的作用。

③ 开放式。

开放式往往只使用简单色块等内容点缀标题,其余部分则自由排版,适用于展现各类灵活多变的内容。

除这三种形式外,我们还可以将过渡页与内页结合做成导航式内页。导航式内页一般常用于

PPT较多的场景，导航栏可明确PPT结构，使得PPT结构一目了然。导航栏一般在左侧或上方，兼具过渡页与内页的效果。

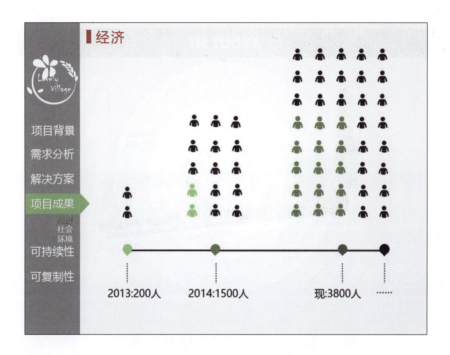

9.3.5 尾页

尾页是PPT的结束页，常用谢谢看完、感谢聆听、Q&A等文案。

尾页的设计并不复杂，清晰明了即可。

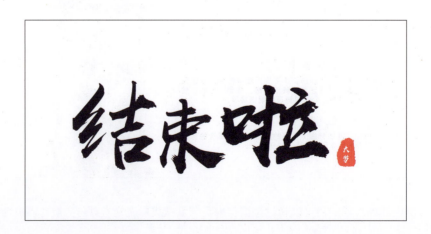

9.3.6 背景

背景也是PPT的重要组成部分之一，背景大致可分为四类：纯色背景、渐变背景、纹理背景、图片背景。

这与PPT提供的调节方式对应。

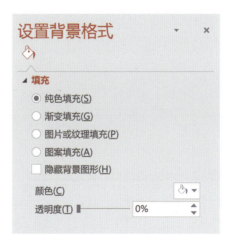

1. 纯色背景

单击鼠标右键，从弹出的快捷菜单中选择"设置背景格式"选项后，自由选择填充的颜色。

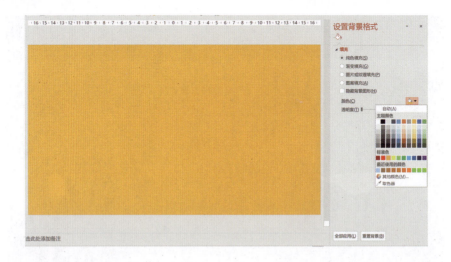

2. 渐变背景

渐变背景有两种基础形式：线性渐变、中心渐变。

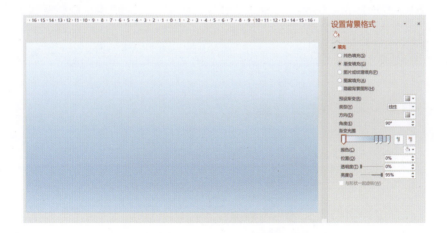

线性是从某一方向逐渐过渡，中心渐变则是中心往外逐渐过渡。

制作渐变背景时不宜使用颜色相差过大的颜色，建议使用相近或同色系颜色。

渐变背景相比纯色背景的优势在于保持了简洁性的同时又赋予变化，运用相当广泛。

3. 纹理背景

纹理背景也是常用的背景类型，可分为浅色纹理和深色纹理。

制作纹理背景需要先下载纹理素材，这里推荐图鱼网（http://www.hituyu.com/）。图鱼网按色系和风格整理了许多纹理素材，可直接下载使用。

纹理背景的制作十分简单，在"设置背景格式"页面中选择图片或纹理填充，选择"插入图片来自：文件"选项。

勾选"将图片平铺为纹理"选项。

其他纹理素材的制作也是如此。用这种方法可以轻松、快速地做出各种各样的纹理背景。

4. 图片背景

使用图片背景的首要原则是"图片内容与主题相关"。

将图片作为背景一般有三种使用方法：局部展示、全图背景、拼图背景。

9.4 PPT中的信息图

9.4.1 什么是信息图

信息图表又称信息图，是指数据、信息或知识的可视化展示形式。信息图在PPT中被广泛运用，其种类有很多，大致可分为四大类：统计图表、示意图表、界面图表、地图图表。

1．统计图表

统计图表基于统计学的知识和方法，将各类数据关系利用图表进行展现，统计图表在设计中的运用十分广泛。

统计图表大致可分为五类：表格类、坐标类、条块类、圆形类、图示类。

2. 示意图表

示意图表是以图形和符号为基本元素组成的一种图表，经常用来表现逻辑关系以及事物之间的关联等。

示意图表可分三类：概念图表、流程图表、系统图表。

3. 界面图表

界面图表是图表中相对特殊的一种类型，一般多指有实物界面、可实际操作的图表。

4．地图图表

地图图表可分为通用地图和专用地图，一般用来描述地域相关信息。

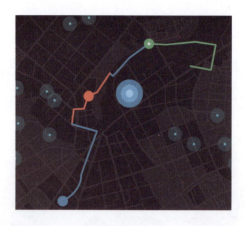

9.4.2 如何制作信息图

1．制作流程

制作信息图的一般流程是：收集信息 → 确认风格 → 草图绘制 → 反复优化。

2．三种必备能力

除技术能力外，制作信息图表还应当有以下三种能力。

分析能力：整理数据、分析等。

编辑能力：把数据、信息等整合成完整的内容。

设计能力：视觉呈现。

3．四项原则

① 简单易懂。

信息图一定要简单易懂，不要使用复杂的语句或文字。标题、关键词、数据等要尽可能简单、突出。

② 信息明了。

注重信息传达，只保留核心图文或数据。

③ 营造时空感。

找到制作时贯穿主体的线索，以增加整体性。

④ 以图释义。

说明事物、阐述数据时要尽量避免使用文字，优先使用图形来传达信息。除用文字辅助说明外，也可以使用图标来传达信息。

4．快速制作网站推荐

① Visual（https://visual.ly）。

Visual提供了许多信息图的模板，直接修改即可。

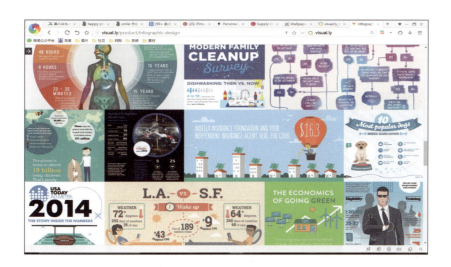

② Statsilk（https://www.statsilk.com）。

Statsilk可以根据需求创建不同类型的信息图，还可以分析数据，Statsilk有桌面客户端。

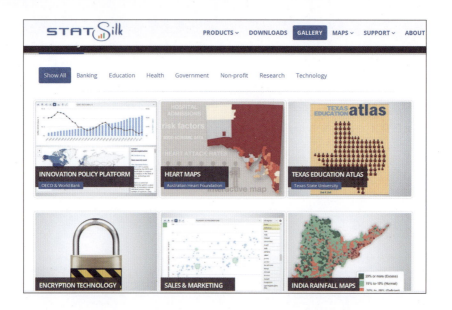

③ Infogr（https://infogr.am）。

Infogr提供了很多信息图、表格、地图等内容的模板，在线编辑后可导出。

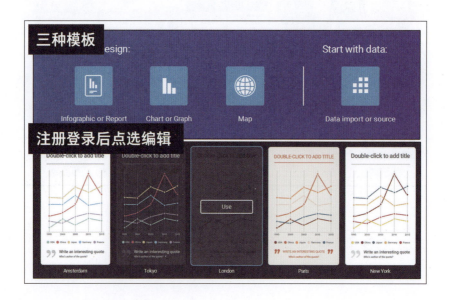

④ Vizualize（http://vizualize.me）。

Vizualize是一个用来创建个人简历的工具，视觉效果非常棒。

第9章　PPT设计基础

⑤ Gliffy（https://www.gliffg.com）。

Gliffy可以用来创建高质量的流程图、平面设计图和技术图表等。

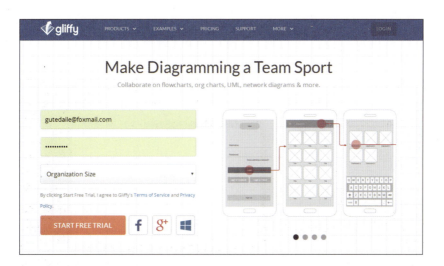

⑥ ChartsBin（http://chartsbin.com）。

ChartsBin是一个用来创建互动地图的工具，选择模板后可直接编辑。

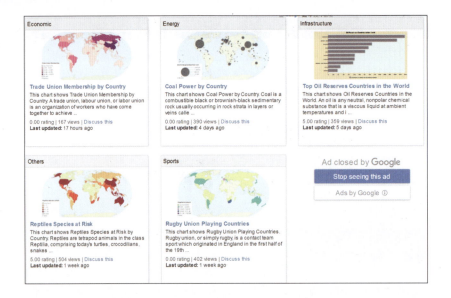

⑦ Processon（https://www.processon.com）。

Processon也是一款在线作图工具，利用Processon制作流程图十分方便。

9.4.3 信息图设计技巧

1. 色彩选择

图表颜色十分重要，好的色彩搭配能提升视觉感受，不同的颜色搭配能体现不同的逻辑关系。

选择色彩时有以下几个原则。

对立关系，对比色；

递进关系，渐变色；

亲密关系，近似色。

具体使用哪种颜色应当依据数据间的关系来确定。

2．SmartArt

SmartArt可以帮我们快速建立图表，从而展示数据、信息等。

SmartArt分为这几种：列表、流程、循环、层次结构、关系、矩阵、棱锥图、图片。

我们可将其归为四类：金字塔、并列、树状、时间。

SmartArt侧重文字间的逻辑关系，使用并不复杂，插入后在"设计"选项卡里可对其进行调节。

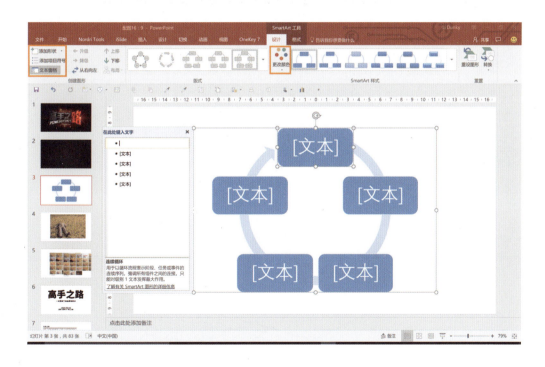

SmartArt会固定格式，不利于排版，我们可以单击鼠标右键调出菜单后选择"组合"选项，然后单击"取消组合"选项，并重复一次。这时SmartArt就会转变成普通的形状元素。

使用SmartArt应遵循以下步骤。

选择图表：依据数据关系（变化、对比、强调）选择正确的图表。

修改信息：替换图表默认数据。

调整格式：美化图表颜色、数字、阴影等。

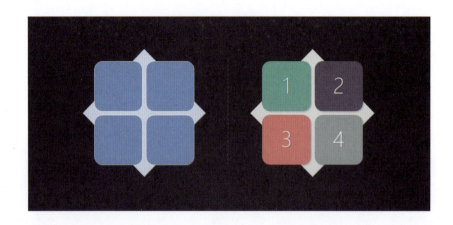

3．可视化的技巧

在PPT中，文字间的关系可以使用SmartArt进行展示，数据则可以使用默认图表进行展示。

PPT默认图表形式有16种：柱状图、折线图、饼图、条形图、面积图、XY散点图、地图、股价图、曲面图、雷达图、树状图、旭日图、直方图、箱形图、瀑布图、漏斗图。除这些外，我们还可以利用组合创建复合图表，从而体现复杂的数据关系。

我们应当依据数据关系选择图表。

体现变化趋势：折线图。

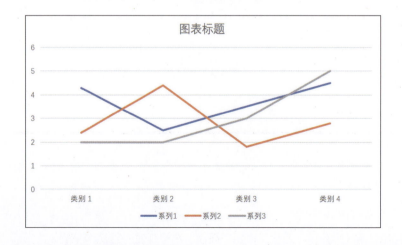

体现比例关系：饼图。

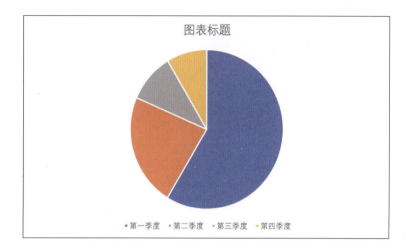

比较数据：柱状图。

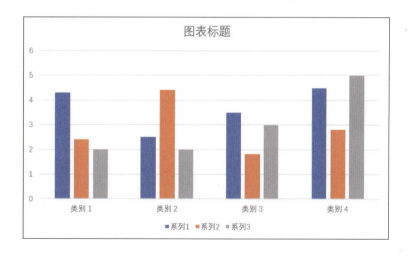

强调数量随时间而变化的程度：面积图。

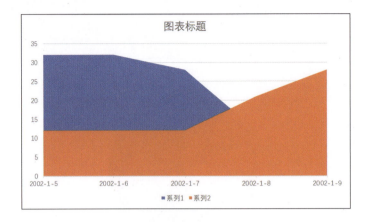

判断两变量之间是否存在某种关联：散点图。

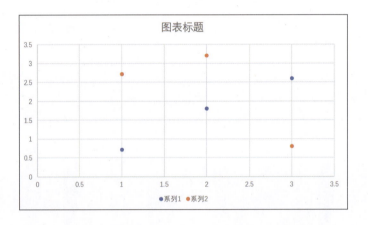

同时对多个变量的不同属性进行比较：雷达图。

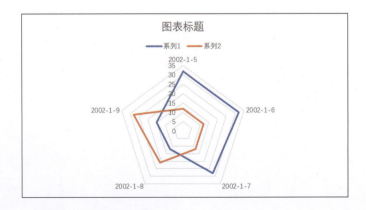

查看不同变量的数据分布：旭日图。

展示数据间结构关系：树状图。

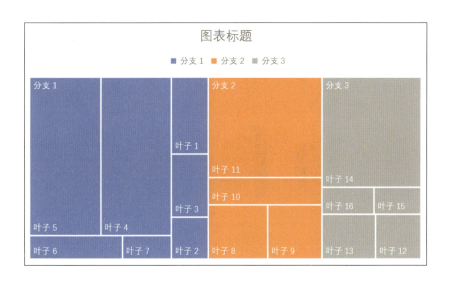

图表美化原则与美化SmartArt的原则相同，但由于图表涉及更多数据，我们也应该对图表进行处理。在PPT中进行数据可视化应遵循以下两个原则。

① 关键词加图标。

图标为形，文字为意，将二者结合使用以实现不错的视觉化效果。

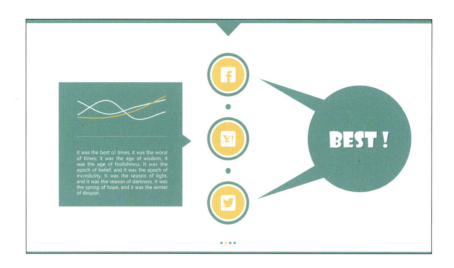

② 图表形象化。

以柱形图为例，长条矩形有时稍显死板，这时我们可在PPT中将图表形象化。首先，插入柱状图和任意形状。

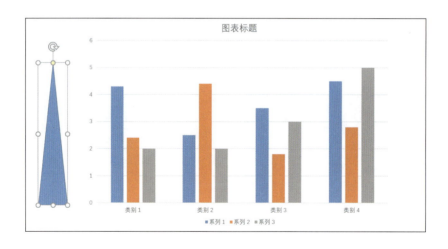

然后，复制三角形，并在矩形位置粘贴。

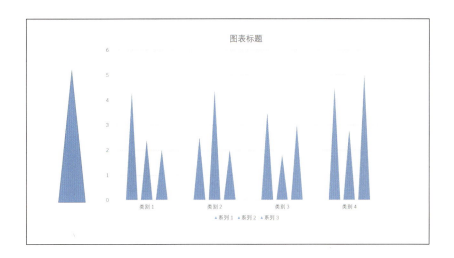

这样，我们就可将矩形替换成三角形，或者其他任意形状。需要注意的是：调整后的图表无法再调整格式，因此建议先调节好形状的比例、颜色等格式后再进行复制。

除此之外，插入后可将"系列重叠"的数值调至100%。

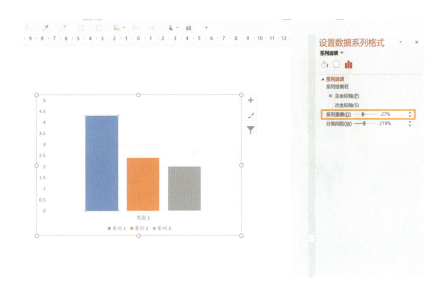

再利用相同步骤复制一个ICON。

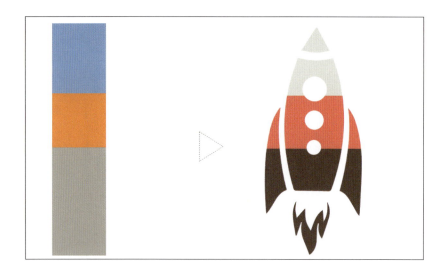

最后就能做成许多有创意的图表。

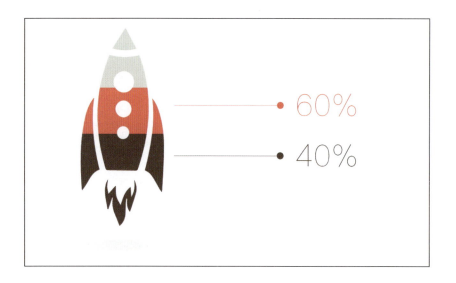

9.5 文字的使用

文字,是承接语言的图像或符号。

文字作用有二:做图像;表意。

做图像常见于各类海报之中,这时文字一般是用来当标题。

表意常用于书籍、报纸等,主要作用为传递信息。

9.5.1 现代文字分类

文字的分类标准有很多,常用标准是将文字分为两类:衬线字体与非衬线字体。

1. 衬线字体

衬线是字体笔画末端特别突出的部分,衬线可分为弧形衬线、极细衬线、粗衬线等。有衬线的字体就是衬线字体。

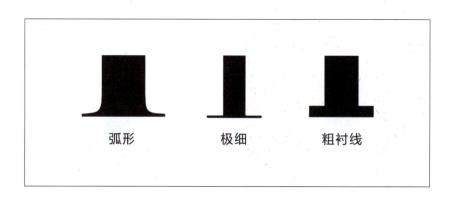

2. 非衬线字体

字体笔画末端没有突出部分的字体就是非衬线字体,英文、日文中也称非衬线字体为哥特体。

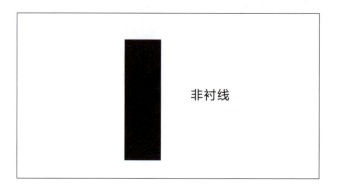

9.5.2 字体基础知识

一款字体的组成除基本的字形外还包括许多部分,了解这些知识有助于我们更好地使用字体。

字号：字体的大小。

高 手 之 路

字距：每个字之间的距离。

高 手 之 路

行距：行与行之间的距离。

高 手 之 路
高 手 之 路
高 手 之 路
高 手 之 路
高 手 之 路

9.5.3 选择合适的字体

字体的使用十分考究,不同表意的字体体现的视觉效果也不一样。我们应当选用与内容相符的字体。

具体选择哪种字体应当根据使用场景来确定。

衬线字体常用场景:传统、书法、山水、洒脱、大气。

非衬线字体常用场景:硬朗、科技、现代、干净。

非衬线字体推荐：微软雅黑Light、方正悠黑、思源黑体、汉仪良品线简体、等线、方正兰亭超细黑、造字工坊力黑。

微软雅黑 Light	**方正悠黑**

方正悠黑有135款字体，可以根据不同需求选择。

思源黑体	汉仪良品线简
等线	方正兰亭超细黑
造字工坊力黑	

英文非衬线字体可选择：Helvetica、Segoe UI、Arial、Franklin Gothic Book

Helvetica	Segoe UI
Arial	Franklin Gothic Book

衬线字体推荐：汉仪小麦体、方正清刻本悦宋简体、韩绍杰邯郸体、华文仿宋、造字工房尚雅体演示版常规体、禹卫书法体、levibrush、李旭科书法体、叶根友刀锋黑草、苏新诗毛糙体简、华康俪金黑、书坊体兰亭体、苏新诗古印宋简。

中文衬线字体大多偏向书法，非常适合用来打造中国风、手绘等PPT。

汉仪小麦体	方正清刻本悦宋简体
韩绍杰邯郸体	华文仿宋

造字工房尚雅体演示版常规体	
禹卫书法行书简体	levibrush
李旭科书法体	叶根友刀锋黑草
苏新诗毛糙体简	华康俪金黑
書體坊蘭亭體	苏新诗古印宋简

9.6 图片实用技巧

9.6.1 图片常见类型

图片按照用途可分为三类。

1. 局部展示

许多时候我们使用图片时只需要用到局部，如下图所示。

有些开放式的构图，图片用不到的部分可以直接裁剪删除。

局部展示的图片一般以人物、物体照片为主，空白区域直接添加文字即可。

2．当成背景

做PPT时我们也会经常把图片用作背景，以体现氛围、渲染场景。

使用时需要注意，不要遮挡照片主体信息，必须遮挡时应添加蒙版。

3．直接展示

直接展示图片，需要注意拼图的技巧。尽量做到正确对齐、合理裁剪。

9.6.2 对图片进行基础处理

PPT可以对图像进行简单处理。

鼠标右键单击图片后选择"设置图片格式"选项。

PPT可以对图片进行三种调节：图片更正、图片颜色、裁剪。

1．图片更正

在"图片更正"中可以调节图片的清晰度、亮度和对比度。

① 清晰度：锐化图片，让原本模糊的照片变得更加清晰。

② 亮度：提升整张照片的曝光量，使得偏暗的照片变得明亮。

③ 对比度：同时增加亮部和暗部像素，使得照片对比更强烈。

2．颜色

在"图片颜色"中可以调节饱和度和色温。

① 饱和度：色彩的鲜艳程度，色彩的纯度。

② 色温：光源的颜色温度，简称色温，单位是K。通常，白炽灯的色温在6000K左右，蓝天的色温在10000K左右。

色温也可以用来控制照片的白平衡，使得照片偏黄或偏蓝。

3．裁剪

笔者建议不要在图片格式中使用裁剪功能，因为参数不够直观。

如果需要裁剪图片，我们可以在"格式"选项卡中进行相应操作。依次选择【格式】→【裁剪】选项，然后任意拖动选择即可。

如果想要裁剪成特定形状，需要在裁剪中选择"裁剪为形状"选项。

第10章
设计感究竟从何而来

设计感是一个十分宽泛的概念，我们可以把它理解为人眼看到设计作品时产生的一系列生理和心理感受。不同人的审美能力、偏爱风格都不相同，因此看待同一件设计作品的态度也会有所差异，但设计感并非全部由主观感受决定，我们可以把设计感分为以下六个维度。

1．平衡与对称

平衡与对称是一种共生关系，平衡与对称能够加深作品的表现力，增强页面稳定感。

2．节奏与韵律

节奏与韵律是指页面元素按一定规律排列后所产生的感觉，节奏与韵律可以使得页面层次感更强，元素间关系也更加统一。

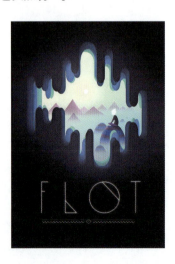 

3．对比与和谐

对比与和谐可以增加页面间的视觉冲击力。页面对比的部分并不一定完全不同，可以采用部分相同的元素，以产生和谐的美感，同时也赋予页面更多的变化。

4．比例与尺度

比例与尺度也是体现设计感最基础的形式法则之一。排版时要注意页面各元素之间的关系，保证页面清晰有条理。

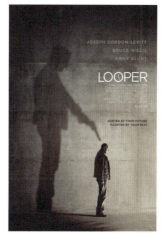

5．主从与重心

主从与重心是指页面元素间的主次关系。当页面的主要元素与辅助元素间有明显差异时，可以使得页面层次感更强，主题也更加鲜明。

各式的人物宣传海报一般都会注意这个细节。

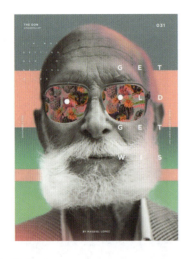 

6. 留白与虚实

留白与虚实也是增强页面空间感的重要方法之一，留白与虚实可以使得页面信息更加清晰直观、一目了然。

比如法国设计师Belhoula Amir的这组插画，就是通过大面积留白来渲染氛围从而体现一种孤独的场景。

留白并不仅指留出的白色区域，页面所有空白处都应称作留白。

页面设计感大致可由这六部分体现，我们在制作PPT时应当注意这些原则，从而使得幻灯片更加美观。

第11章
如何向优秀作品学习

PPT是平面设计的分支，做好PPT除需要掌握基本的软件操作技巧外，一定的审美能力也是必不可少的。审美能力的提高非一日之功，我们需要不断观察、研究优秀的作品。

学习借鉴其他作品的过程大致可分为四步：观察、临摹、结合、超越。

11.1 观察

观察是指对设计形象进行感受，理解作者的思维过程。看到优秀作品后，我们要分析、理解它，以实现从感性认识到理性认识的飞跃。

一般的设计作品观察以下三个方面即可。

1. 信息

设计的目标是传递信息，PPT尤其如此，形式只是内容的载体。所以，看到一幅PPT之后首先应思考的是画面的设计是否有效传达了信息，如果没有，那再好看的页面也是华而不实的。

2. 风格

理解信息后，应该再去观察作品的风格属于哪一类：扁平？立体？欧美？还是其他？发现好的设计作品后可以将其添加到自己的收藏栏中，比如Pinterest或花瓣的画板。

分析风格的同时可以尝试口述风格的特点，大脑的思考时常一闪而过，留不下什么东西，试着用逻辑化的语言进行描述可以加深印象，比如看完一个作品后可以问自己：这幅作品想传达什么信息？属于哪一类风格？

这样持之以恒一段时间以后，就会逐渐形成自己的审美思维。

3. 元素

这一步主要观察一个作品用到了哪些元素，可能使用了哪些工具，大致的处理流程是怎样的。

以下面的合成作品为例。

上图使用的主要工具是Photoshop（当然有时也会运用其他工具，这里暂不讨论），可能的步骤是：场景构建、素材融合、调色。我们看类似作品时也可以从这三个方面来观察。

① 场景。看看作品由哪些元素构成。

② 素材。分析画面运用到了哪些元素，用什么方式组合在一起。

③ 调色。调色是合成十分重要的一步。从作品反推调色会有一些难度，因为鉴别混合在一起的颜色有些复杂，但我们依旧可以判断作品的颜色倾向，以及使用什么工具能大致调出来相应的颜色。

11.2 临摹

临摹也是提高的必经之路，提高设计水平的一个重要方法就是多看多模仿，模仿分两个阶段。

1．完全模仿

刚开始练习时，不用考虑太多，看到好的作品直接动手模仿一遍，争取做到100%相同。这阶段的目的是迅速熟悉软件操作，提升熟练度，感受别人的思维过程。

2．部分模仿

完全模仿到一定程度之后，可以尝试在模仿的作品中添加一些元素，慢慢形成自己的风格。

11.3 结合

结合与部分模仿相同，都是建立在完全模仿的作品数量足够多的基础上，目的是为了形成个人风格和设计思维。

结合可以尝试将不同软件或不同风格的内容结合在一起。

这份守望先锋的示例使用Photoshop进行了合成操作。

11.4　超越

当看得足够多、思考得足够多、练习得足够多以后,很容易就能超越别人的作品,创造出属于自己的风格。

第12章
PPT与其他软件的结合

12.1 Photoshop

12.1.1 在Photoshop中导入素材

Adobe Photoshop，简称"PS"，是Adobe旗下的软件，也是平面设计中运用最广泛的工具之一。PS也是PPT常用的辅助工具，当我们把PS与PPT结合后，往往能创造出意想不到的效果。PS与PPT结合的一般操作流程是先将素材导入PS，制作完成以后导出图片，再将图片导入PPT当中。PS的素材很多，与PPT结合比较多的有：笔刷、样式、样机、动作等。

1. 笔刷

笔刷是PS中非常常用的素材之一，将笔刷导入PPT可以实现很多装饰性效果，如下图这张幻灯片所示。

上图右下角的紫色烟雾就是PS笔刷素材，素材在PS中制作完成后导入幻灯片，以起到装饰的作用。

下面这张幻灯片的雨滴背景也是借助PS笔刷素材制作而成的，起到渲染场景的作用。

第12章　PPT与其他软件的结合

导入笔刷非常简单。首先在PS中调用笔刷工具，然后选择笔刷形状，如下图所示。

调节透明度，选中图层后单击鼠标右键，选择"快速导出为PNG"选项，最后将导出的PNG格式的文件插入PPT即可。比较常用的笔刷有烟雾、水墨等效果。

笔刷的下载地址主要有两个：站酷网和brusheezy。在站酷网直接以"笔刷"为关键词进行搜索，会得到很多下载选项。Brusheezy（http://www.brusheezy.com/）是一个国外的笔刷下载网站，拥有多种笔刷并且免费，不过需要使用英文进行搜索。

2．样机

样机也是经常用到的展示工具，它可以将设计作品运用到实际场景中，简单形象地提升作品档次。样机常用分类有：画册、电子设备、LOGO、海报、UI等。PPT中使用电子设备或UI样机比较多。

导入样机非常简单。这里以下图中的MacBook为例，我们可以直接用图片替换屏幕，从而达到增强演示效果的作用。具体操作步骤如下。

Step 1：确定要导入样机的界面，选择相应的样机模板。

第12章　PPT与其他软件的结合

Step 2：将界面置于样机屏幕上一层，单击鼠标右键创建剪切蒙版。

Step 3：得到最终结果，如下图所示。

Step 4：将最终结果保存为JPG格式的图片，或者单击鼠标右键快速导出为PNG格式的图片。

样机素材的运用十分广泛，如电子设备的样机就经常被用到PPT、海报等场合。

使用样机经常会遇到一些需要改变透视的情况。此时，利用PS中的变换工具（快捷键Ctrl+T）调节控制点即可。

样机的使用难度并不大,重要是能否找到相应的素材文件。这里介绍两个常用的样机下载网站:千图样机、昵图网。千图样机分类比较全,素材也比较多。当然,我们也可以在前文提到的站酷网下载样机。

3. 样式

样式也是PS常用的素材之一,比如常见的金属字体效果,如下图所示。

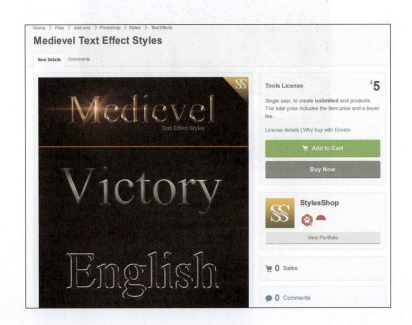

类似上图的字体直接制作有难度且需要时间，但若是下载样式之后导入PPT就简单多了。导入样式的方法有两种，第一种是打开样式文件，直接替换。如果我们有一份下图所示的制作完成的字体样式素材。

我们就可以直接替换字体内容，甚至是自由更换字体，替换后的效果如下图所示。

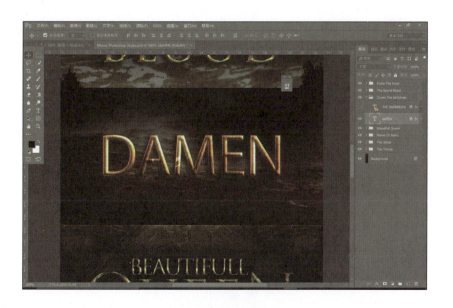

导入样式的第二种方法是在样式面板导入asl格式的文件。依次点击【窗口】→【样式】，打

PPT高手之路

开样式面板，单击样式面板右上角的按钮，在弹出的列表项里面选择"载入样式"选项，如下图所示。最后选择已经下载的样式即可。

样式素材的网站有很多，笔者在这里推荐Graphicrive。Graphicrive（http://graphicriver.net）是envatomarket旗下的一个网站，上面有许多国外设计师制作的PS样式，用户可以直接购买，不过需要使用英文进行搜索，样式的关键词是"PS Style"。

4．动作

动作也是PS常用的技巧，合理使用动作能实现许多意想不到的效果。

不过PS动作一般都是对图像进行处理，是否要在PPT中使用需要依据具体的场景去判断。

下图是Envato中PS动作的效果。

12.1.2 Low Poly背景制作

Low Poly原本是3D建模中的术语，是指使用相对较少的点线面来制作的低精度模型。Low Poly设计又称低面设计，是继拟物化、扁平化（Flat Design）、长阴影（Long Shadow）之后，新掀起的设计风潮。这种设计风格的特点是：低细节、面多且少，相对复古。下图所示的是Pinterest上的Low Ploy风格的作品。

我们可以将Low Ploy风格与PPT结合制作一份Low Ploy风格的演示文稿，比如制作一个具有Low Ploy质感的背景。

借助PS可以轻松完成Low Ploy背景的制作。

Step 1：打开PS，新建画布。常用的PPT版式的比例有两种，分别是16：9和4：3，对应PS中的像素为1024x576、1024x768。这里以16：9为例，先在PS中新建1024x576的画布。

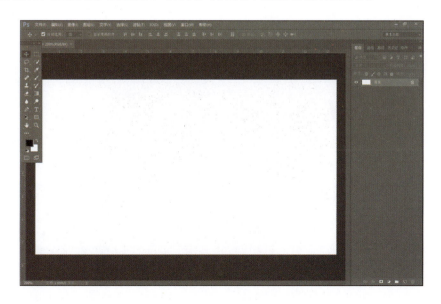

Step 2：创建一层渐变，颜色和方向可以在渐变工具中进行调节，比如选择黑白两个颜色。

Step 3：依次选择【滤镜】→【像素化】→【晶格化】，进入"晶格化"面板可以自定义单元格的大小。

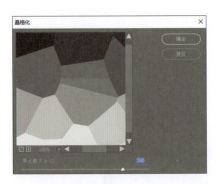

Step4：得到下图所示结果。这里以黑白颜色作为示范，建议读者在制作时选择颜色相近的渐变色，效果会好看许多。

Step 5：正片叠底修改颜色。可以通过新建图层后修改混合模式的方式达到修改颜色的效果，如下图所示。

第12章　PPT与其他软件的结合

利用PS制作Low Ploy背景非常简单，掌握技巧后我们可以轻松做出非常炫酷的效果。从而在白色的背景上增加一些多边形效果，在不破坏背景简洁性的同时赋予背景变化，非常实用。

制作时有两点需要注意：尽量选择颜色相近的渐变色，效果比较和谐。单元格数值不宜过大，否则会显得背景有些丑陋。

12.1.3 抠图

在PPT中抠图只有两种方法，并且都只能处理图片，使用场景极为有限。因此，笔者建议在PS中进行抠图操作。PS中的抠图方式有魔棒、快速选择、钢笔工具、通道抠图等，不同工具的操作方式略有差异，这里重点讲解如何在PS中借助钢笔工具进行抠图操作。钢笔工具在PS操作界面的位置如右图所示。

借助钢笔工具进行抠图操作的原理是利用锚点去选中图像，进而建立选区、隔离内容。使用钢笔工具抠图时，一般先放大图片。锚点稍往靠近边缘内侧，以防止出现白边。锚点建立完成后直接单击鼠标右键建立选区。

描点完成以后可以适当羽化来柔化边缘。

183

新建图层后,单击鼠标右键可快速导出PNG格式的图片,再将图片导入PPT即可。

12.1.4　去水印

PPT中使用的图片应当尽量去水印，但PPT并不自带去水印功能，这时应当借助PS实现去除水印的目的。PS中去除水印的工具有多种，主要包括：污点修复、修复画笔、修补、内容感知移动等工具。

PS去除水印的原理非常简单，如污点修复工具就是利用污点附近的图像来覆盖污点，从而实现去除水印的效果。修复画笔等工具的原理也是如此，只是覆盖来源有所区别。

操作时可将图片放大，然后一点点修复水印，如下图所示。

12.1.5　PS插件

PS作为专业的图像处理工具，存在很多第三方插件，这些插件运用得当时可以取得十分不错的效果。

PS插件大致可分为三大类型。调色类，如Google的Nik Collections、Vegas等；工具类，如Assistor（标注、切图）、Griddify（参考线扩展）；效果类，如Super Spray、3D Map Generator等。

调色类插件主要运用在摄影或视频后期中，工具类插件主要运用在UI设计中，这两类插件与PPT结合较少。因此，这里以SuperSpray、3D Map Generator为例讲解效果类插件的运用。

1. SuperSpray

SuperSpray（http://www.webdesignerdepot.com）是PS中一款能使用花瓣、树叶等图形进行填充的插件。例如，可以直接使用SuperSpray生成下面这类图片。

操作步骤十分简单。

Step 1：安装好SuperSpray后，创建选区，这里以字母为例。

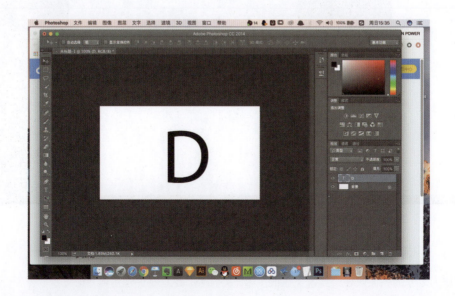

Step 2：在滤镜中选择SuperSpray。

Step 3：在SuperSpray面板中选择相应的模板。SuperSpray提供了11种模版，选中模版以后可以调节填充数量、背景颜色。

Step 4：保存为PNG格式的图片后，可以直接导入PPT。

2．3D Map Generator

3D Map Generator（http://www.3d-map-generator.com/）是PS中一款可以用来制作3D地图的插件。

比如以下作品看上去似乎需要使用专业3D建模软件完成，其实借助3D Map Generator可以轻易制作。

12.2　illustrator

　　Adobe illustrator，以下简称AI，是一款应用于印刷、平面设计、矢量插画的软件。作为一款非常好的矢量图形处理工具，illustrator也是非常重要的PPT辅助工具。

　　在制作PPT过程中，一些常用的图标素材（ai、eps格式），需要先用AI处理后才能导入PPT。使用矢量素材的原因有两个：矢量文件可以随意更改大小而不会变模糊，可以调节颜色和格式。下图左侧是矢量图，右侧为位图。

> Tips：矢量图与位图区别。
>
> 　　位图是由像素点组合而成的图像，一个点就是一个像素，位图与分辨率有着直接的联系，分辨率大的位图清晰度高。但是，当位图的放大倍数超过其最佳分辨率时，就会出现细节丢失、产生锯齿状边缘的情况。
>
> 　　矢量图是以数学向量的方式来记录图像，其内容以线条和色块为主。矢量图和分辨率无关，任意放大一张矢量图，其清晰度不变，也不会出现锯齿状边缘。

12.2.1　基础运用

　　不同软件和不同平台会导致操作略有差异，但大体相同，这里以Windows平台、illustrator CC 2015为环境进行讲解。

1．从AI导出文件到PPT

（1）直接复制粘贴。

Step 1： 在AI中打开矢量文件后，选中图标，按Ctrl+C进行复制。

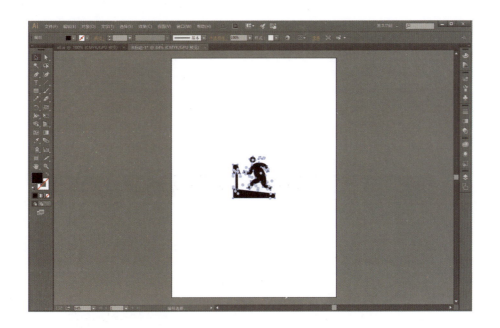

Step 2：打开PPT，在空白页面按Ctrl+V进行粘贴，选择"增强型图元文件"选项。

Step 3：取消两次组合，导入完成。

这样导入的图标可以自由修改大小、颜色。

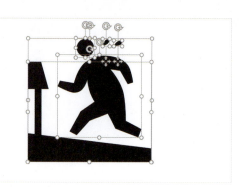

（2）导出emf格式的文件

当快捷键冲突或其他原因导致无法使用Ctrl+C快捷键的时候，可以按如下步骤操作。

Step 1：先从AI导出emf格式的文件。

Step 2：将导出的emf格式的义件插入PPT，取消两次组合。

将文件从AI导出到PPT时，只支持非渐变类型的矢量素材。AI中有许多渐变素材或设计文件不能使用这种方法导出，只能先在AI中去除渐变，然后再进行导入。

2．图像描摹

图像描摹是AI的常用功能之一，因为有时候我们找到的素材并不是ai或eps格式的，而是JPG或PNG格式的，而JPG或PNG格式的素材在PPT中无法随意修改颜色，因此，我们应该先在AI中将图像转换为矢量图以后再导入PPT。

图像描摹的操作十分简单。

Step 1：用AI打开需处理对象。依次点击【对象】→【图像描摹】→【建立】。

Step 2："建立"会在图像边框建立锚点，而"建立并扩展"会识别图像里内容将锚点扩展至边缘路径。下面左图是"建立"的效果，下面右图是"建立并扩展"的效果。

Step 3：一般情况下处理一次就够了。但是图像描摹功能依赖软件算法，有时效果并不理想，这时可以进入图像描摹面板调节一些参数，如阈值、预设等。

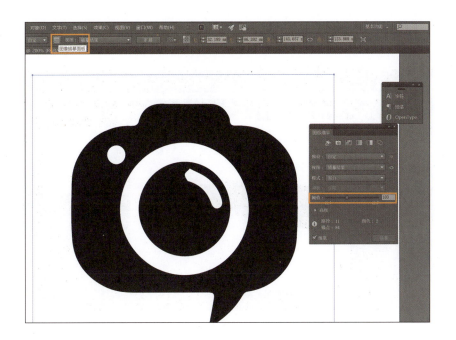

Step 4：参数调整完成之后，保存修改，然后复制，并在PPT中选择性粘贴。

12.2.2 高级技巧

1. 笔刷占位符

AI可以和占位符结合,做出笔刷式效果,如下图所示。

想要实现上图的效果非常简单,只需要几步操作。

Step 1:从网络下载一份笔刷矢量素材,打开后得到类似下图的效果。

Step 2:栅格化。太精细的矢量图无法使用占位符,因此需要先对图像进行栅格化操作。

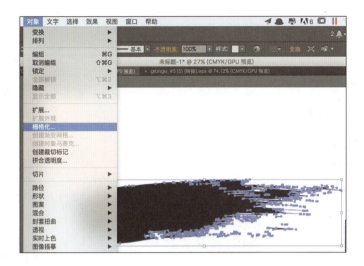

Step 3:重新描摹。

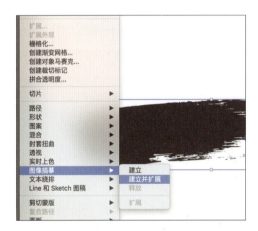

Step 4:取消编组。

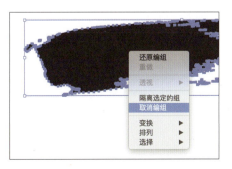

Step 5：删除边缘部分，只保留中间主体部分，本例删除红框部分内容。

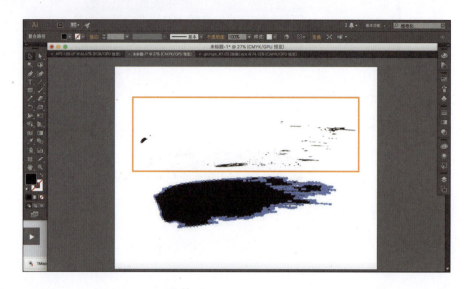

Step 6：导入PPT。可以直接复制也可以导出emf格式的文件。

Step 7：插入。打开母版，插入矢量素材和图片占位符，相交。

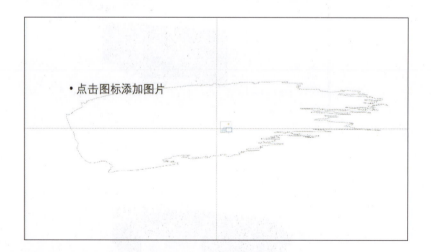

Step 8：替换图片。双击删除原有图片，插入新的图片。

第12章　PPT与其他软件的结合

至此，我们轻松制作出了带有墨迹效果的图片，且可以自由替换。

2．制作信息图表

AI在制作信息图表中的运用也十分广泛。虽然PPT自带的图表类型非常多，但大多比较简单，如果想做出更具视觉冲击力的设计，还是需要借助AI。

12.3　Cinema 4D

Cinema 4D（简称C4D）是德国Maxon Computer研发的3D绘图软件，以极高的运算速度和强大的渲染插件著称，Cinema 4D也是常用的设计软件，我们可以用它去制作许多3D效果的海报、PPT等。

C4D入门并不复杂，但精通很困难。从2D到3D多了一个维度，设计上需要考虑的问题也随之增多，如灯光、材质、透视等。

C4D通过构建模型，再给模型添加材质、灯光，可以渲染输出具有立体效果的图像，如下图所示。

图片来源：Pinterest

可以将C4D与PPT结合，打造具有3D效果的PPT，如下图所示。

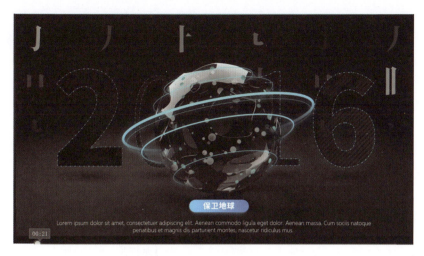

图片来源：珞珈Claros

12.4 各类"神器"

12.4.1 拼图"神器"CollageIt

CollageIt是一款Windows系统下的拼图"神器"，非常适合用来制作图片墙背景。

CollageIt制作图片墙背景操作如下。

Step 1：在左侧上传拼图图片。

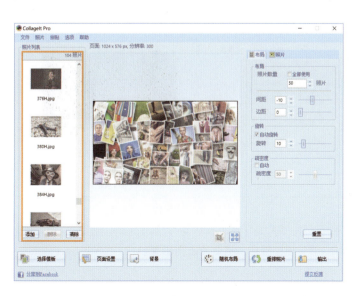

Step 2：确定模板。CollageIt提供了15种模版供用户选择，图片上传完成后也可以更改模板。

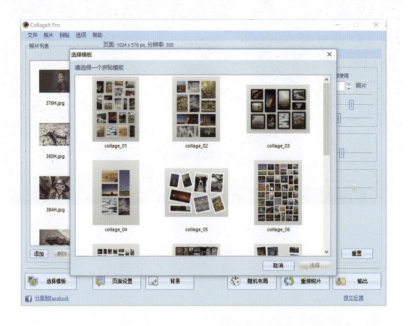

Step 3：页面设置。PPT版式常用比例为16∶9和4∶3，如果想把图片墙用作PPT背景，图片墙也需要设置成相应比例。16∶9对应的像素值为1024×576，4∶3对应的像素值为1024×768。

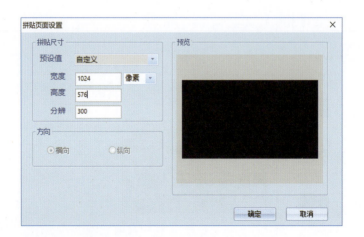

Step 4：参数调节。在"布局"选项卡中可以调节间距、边距、照片数量、疏密等参数，在"照片"选项卡中可以调节相框颜色、宽度以及阴影等参数。

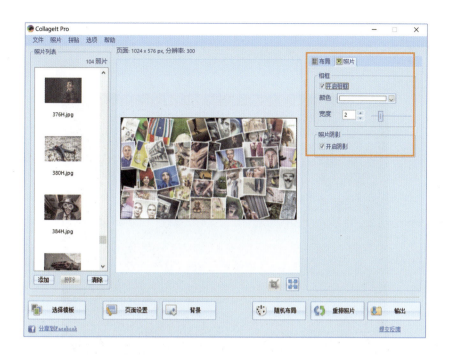

Step 5：输出。调节分辨率和存储格式。

12.4.2 低面设计"神器"Triangulator

关于 Low Poly 3D（低面设计）的内容前文已经介绍过。我们除了可以用借助PS来制作Low Poly 3D风格的图片，还可以使用Triangulator来制作。

Triangulator（http://www.conceptfarm.ca/2013/）是一款免费生成彩色低多边形特效矢量图片的制作工具，使用它可以非常简单地制作出 Low Poly风格的图片。

PPT高手之路

使用Triangulator制作Low Poly 3D风格的图片步骤如下。

Step 1：打开Image triangulator，界面如下。

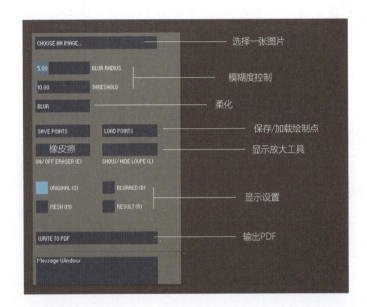

Step 2：导入图片，默认源视图。

Step 3：单击鼠标左键，顺着轮廓和明暗交接线方向在图片上添加控制点，可以打开mesh视图进行检查。也可以在result视图中查看结果，还可以微调模糊值等参数，具体操作依据图片不同而有所差异。

Step 4：输出PDF。

如果想进一步编辑，可以在PS或illustrator中将PDF打开，完成进一步的处理。

12.4.3 像素化"神器"MagicaVoxel

MagicaVoxel（http://voxel.codeplex.com/）是一款像素化神器，我们可以使用它制作出体素模型或具有像素风格的PPT。

1．什么是体素（Voxel）

体素，顾名思义是体积的像素，是用来显示三维空间点的基本单位。MagicaVoxel类似二维平面下的Pixel，制作出来的作品的效果类似电影《像素大战》中的场景。

图片来源:Pinterest

2. Magicavoxel入门

Magicavoxel虽然是英文界面,但操作简单,即使从未接触过的人也可以快速上手。

Magicavoxel的界面大致可分为五大面版:①颜色面板,添加、管理、删除颜色等;②笔刷面板,调节笔刷、边框格式等;③渲染面板,调节光线、景深等;④编辑面板,设置材质、混合等;⑤模型与样式面板,设置常用模型、导入样式等。

第12章　PPT与其他软件的结合

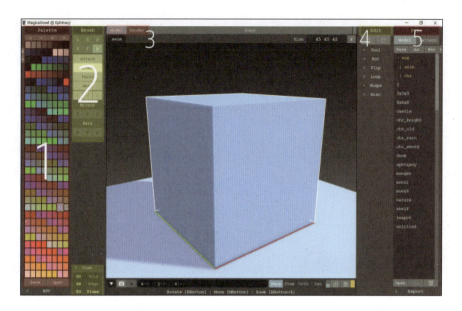

颜色面板中提供两种颜色模式，一种是软件自带的色库，另一种是手动添加的颜色。笔者推荐建立自己的颜色面板。

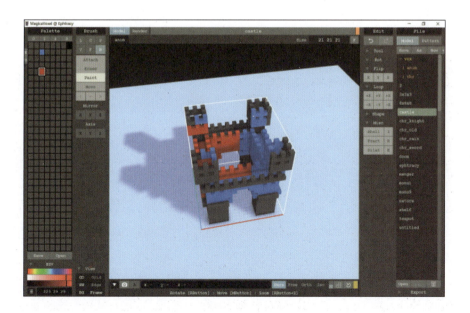

笔刷面板的具体功能如下图所示。

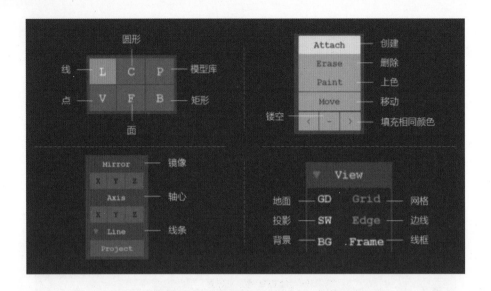

MagicaVoxel中最小的单位是一个立方体,用户应以此为基准去建立图形。

MagicaVoxel的操作有几个需要注意的点:①鼠标右键转动视角;②鼠标转轮移动视角;③转动转轮放大缩小。一定要熟悉这三项操作。

渲染面板需要在顶部点击Render进入,渲染面板具体功能如下图所示。

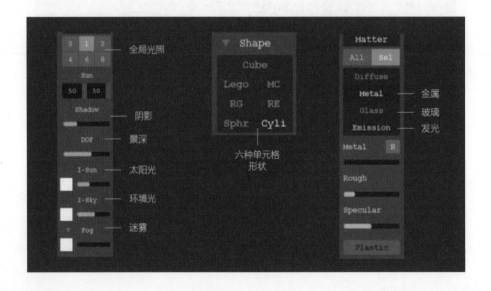

渲染面板有三处值得注意的地方:①光线与景深;②单元格形状;③材质。材质面板只有在切

第12章 PPT与其他软件的结合

换到渲染时才出现。这里建议大家不用过多调节这里的参数，如果想要更多的效果可以利用PS在后期进行处理。

在模型面板可以选择Magicavoxel自带的模型，当然也可以自己绘制模型或者导入素材，

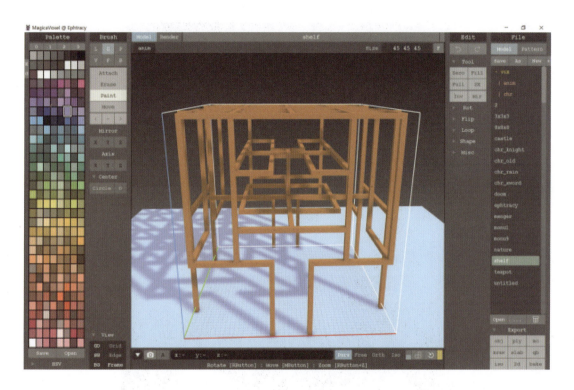

熟练使用MagicaVoxel后，你能迅速做出体素风格的设计作品，并将其运用到PPT中。

4．Magicavoxel的学习资源

（1）B站@Up主。他录制了四节视频教程，涵盖从基础到提高的大部分知识点，推荐大家学习。

（2）Voxel模型。7dgame（http://7dgame.com）上有许多模型可以下载，下载的模型可以直接导入MagicaVoxel。

12.4.4 图片转画作"神器"Ostagram

Ostagram（http://ostagram.ru/）是一个来自俄罗斯的基于DeepDream算法来生成绘画作品的项目，它可以模仿绘画作品的画风，把任何一张照片变成画作。

2015年，Google 开源了用来分类和整理图像的 AI 程序 Inceptionism，并将其命名为 DeepDream。DeepDream 的开源除能帮助我们了解深度学习的工作原理外，还能生成一些奇特、颇具艺术感的

图像。

　　Ostagram能在保证原图构图不变的情况下，融合另外一张图的风格，从而增加艺术感。下图是Ostagram官网上的作品。

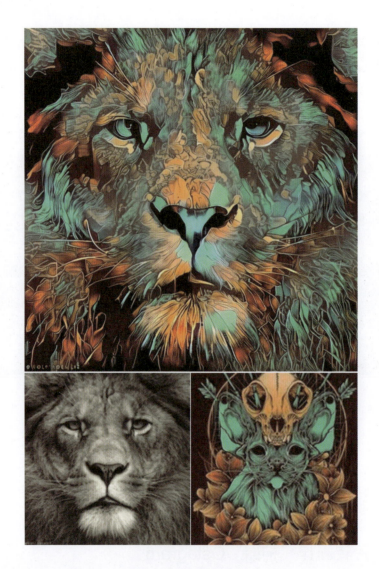

　　Ostagram的使用并不复杂，选好原图后再选择想要模拟风格的图片，渲染输出即可。简单便捷，效果很赞。

　　不过免费版对渲染图片的分辨率有限制，且渲染一张图片需要用时1分钟左右，Pro版则好很多，下图是图片渲染前后效果的对比。

第12章　PPT与其他软件的结合

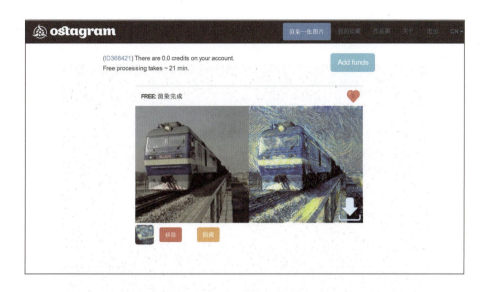

我们可以将Ostagram与PPT结合，在需要处理图片时轻松美化图片。

12.4.5　图片处理"神器"Pzttaizer

Pzttaizer（https://www.mosaizer.com/）是一款不可多得的图片处理工具。它能把常规图片马赛克化，还有许多其他效果，譬如玻璃碎片等。

Pattaizer还可以对图像进行艺术化处理,它提供了14种螺旋模式,下图是其中一种螺旋的效果。

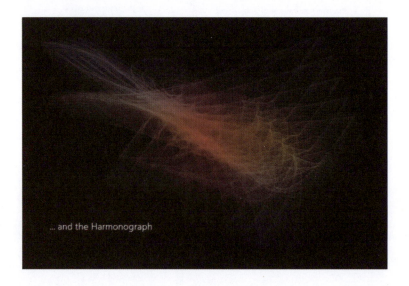

Pattaizer能轻松创建上图所示的规律的线条图形。除了手动设置,用户还可以自动设置参数来生成图形。

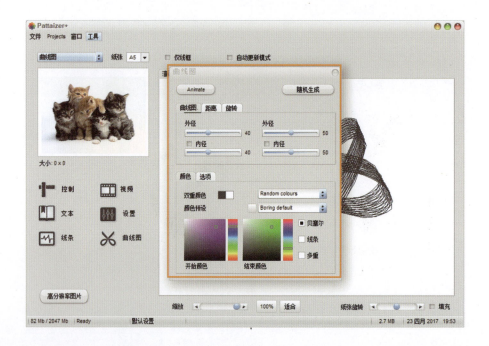

除了线性图形，Pattaizer还可以制作许多马赛克效果的图像。

（1）玻璃碎片。像碎掉的窗户一样把照片拆开，并且可以设置尺寸和阴影深度，加上轮廓或蒙版。

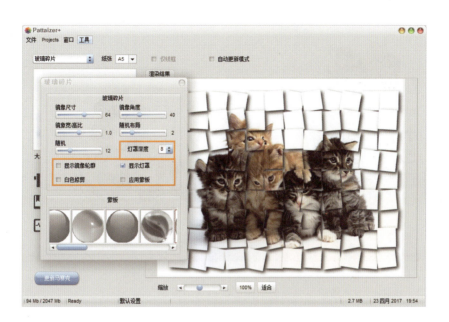

（2）乐高效果。把照片乐高化，或者做成坦克大战的效果。

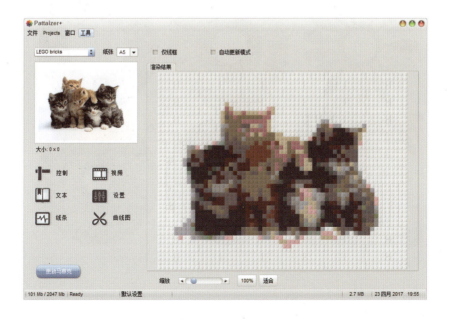

（3）螺旋。把图片做成一个可以旋转的马赛克，如下图所示。

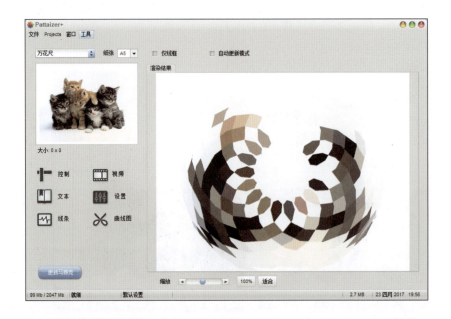

官方提供了六种示意的模板，当然我们还可以自己去发掘。

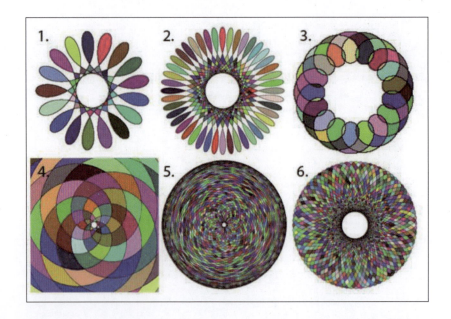

除这些以外，Pattziaer还提供了很多其他模板，如智能网格、六边形、钢笔绘制、曲线图、万花尺等。

除了Pattaizer，mosaizer网站上还有许多其他图片处理工具，如Mosaizer XV可以用来做图像拼接特效，还原蒙太奇效果。

wordaizer可以用来创建图标云。

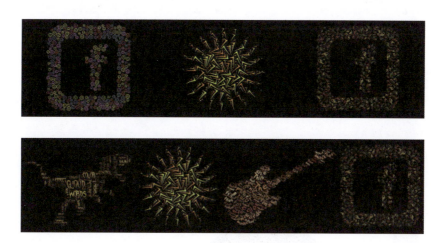

12.4.6 拼图"神器"Shapecollage

Shapecollage（http://www.shapecollage.com/）和CollageIt相同，都是非常好用的拼图软件，不同是Shapecollage可以将图片拼成不同形状，甚至绘制自定义形状，而CollageIt则只能拼成长方形。

Shapecollage的使用十分简单，且支持中文。

Step 1：添加图片。直接把需要拼接的图片拖拽到左侧即可，或者从文件中添加照片或文件夹，也可以从网络直接添加。

Step 2：选择形状。Shapecollage默认支持五种形状，分别是：长方形、格、心形、圆形和字体，如下图所示。

用户可以用笔刷和橡皮擦自定义形状，也可以装载已经预设好的形状。

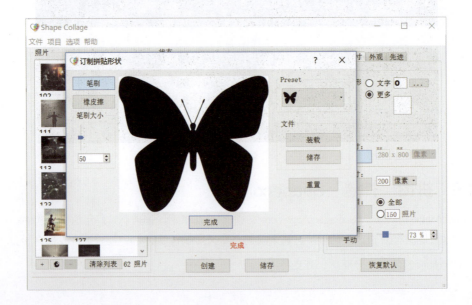

Step 3：设置参数。选择形状后可以对外观进行一些调整，如设置为纯色、透明或图片背景。

还可以根据需要效果调节一些旋转、阴影等参数。

Step 4：保存输出。

12.4.7 文字云"神器"Tagxedo

相信大家平时在生活中经常看到下图所示的图片。

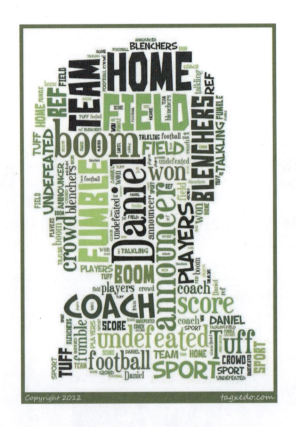

这种由文字堆砌而成的图像叫做文字云,文字云在PPT和网页中的运用十分广泛。制作文字云的工具也有许多,如PS、Wordle、Tagul、Abcya等,但最好用的应该是Tagxedo,因为只有它能完美地支持中文,而且可以自定义外形,制作起来简便快捷。

Tagxedo网页地址是http://www.tagxedo.com/。第一次使用需要安装Silverlights,否则无法使用。

安装完Silver lights后的界面如下。

第12章　PPT与其他软件的结合

点击load，可以选择文字输入模式，Tagxedo支持三种输入模式：导入文件，链接网页，直接输入文字。Tagxedo的好处在于可以直接输入中文。在Theme中可以直接更改主题配色。在Font中可以更改字体，不过免费版的中文字体不可替换，英文只能选择提供的字体，Pro版则可以上传本地字体。在Shape中可以自由更改形状。在Save中可以依据用途选择保存的大小。

12.4.8　图片放大"神器"PhotoZoom Pro

PhotoZoom Pro（http://www.benvista.com/）是一款图片无损放大的工具，可以将低分辨率的图片无损放大，PhotoZoom Pro拥有Mac与Windows客户端。

当我们放大图片时，PhotoZoom会依据内置算法自动添加锐化、颗粒等效果，从而使得图像看上去比直接放大更清晰。选定尺寸和效果后，PhotoZoom也可以用来批量处理图像。

12.4.9　PDF转换"神器"SmallPDF

SmallPDF（smallpdf.com）是一个在线PDF转换工具，可以将PDF转化成Office文件。

Small PDF免费版转换文件有大小限制，如果需要转换大文件可购买付费版。

12.4.10　PPT压缩"神器"PPT Minimizer

如果PPT中使用过多图片、视频，会导致文件尺寸变大，使用配置较低的电脑进行操作时会发生卡顿。这时我们可以使用PPT Minimizer（http://ppt-minimizer.cn.uptodown.com）对文件进行压缩，压缩率能达到90%以上。

12.4.11　去水印"神器"Inpaint

Lnpaint（www.theinpaint.com）是一款Windows平台的去水印工具，其使用起来比PS更快捷。

12.4.12　位图转矢量图"神器"Vectormagic

Vectormagic（https://vectormagic.com/）是一个可以将位图转换为矢量图的工具，使用起来极为方便，Vectormagic分网页版和桌面版。

以桌面版为例，安装好后直接将图片导入。

按步骤操作，进行相应设置即可获得SVG或EPS格式的图片。

值得注意是，Vector Magic高级功能需付费使用，有需要的读者可以自行购买。

附录 A
Keynote入门指南

PPT高手之路

　　Keynote诞生于2003年1月，是苹果公司推出的运行于macOS操作系统下的演示应用软件，也是iwork套件中被使用最广泛的一款软件。

　　Keynote可以在macOS系统中使用，也可以登陆iCloud使用网页版。（使用icloud版需拥有苹果账户。）

　　与Powerpoint对比，Keynote的优点大致如下。

　　1．界面简洁优雅。

　　2．操作简单快捷。

　　3．极具品味的内置模板。

　　因此，Keynote被广泛应用在各类演示、演讲、发布会等对幻灯片要求较高的场合。

　　Keynote的常用技巧与特点有如下几点。

一、编辑

　　Keynote的编辑操作大概是所有设计类软件中最简单、最便捷、最人性化的。

1．对齐

　　Keynote对齐时显示的参考线与PPT略有差异，keynote会显示整体的参考线，而PPT只显示当前对象的参考线，笔者认为keynote的对齐方式更简单高效。

在Keynote中调节图片时，不论从哪个方向调整，图片一定是等比例放大或缩小，而在PPT中图片则会出现压缩变形的情况。

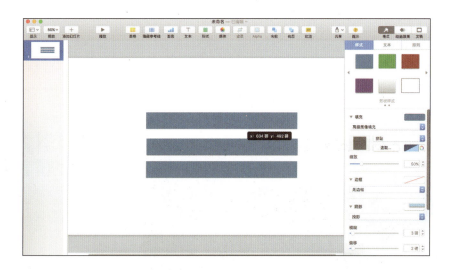

2. 即时Alpha

即时Alpha与PPT中删除背景、设置透明色的功能相似，目的都是抠图，只不过Keynote的Alpha功能更细致好用，有时效果甚至可以和PS媲美。

我们可以将制作完成的Keynote文件导出为PPT，但部分样式、动画效果与在keynote中呈现的效果有所差异。

PPT高手之路

二、效果

Keynote内置的图片、动画效果都十分好看，这也是许多人喜欢keynote的原因之一。

1. 图片

Keynote中的图片有许多好看的默认样式，基本样式有六种，插入图片后可直接添加样式。

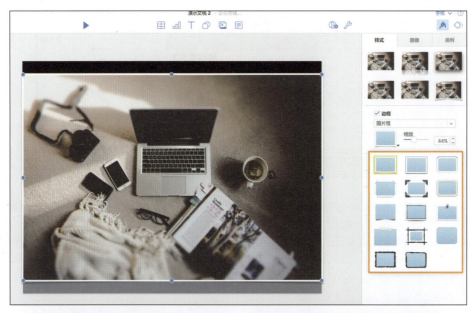

2．动画

keynote中的动画设置与PPT相似,只是keynote把元素称为构件,把动画效果称为构件出现、构件消失。

构件出现、构件消失又分为三类:出现与移动,翻转、旋转与缩放,特效。

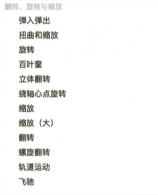

3．图表

Keynote中默认的图表格式不多,但大多十分好看,而且可添加3D效果。

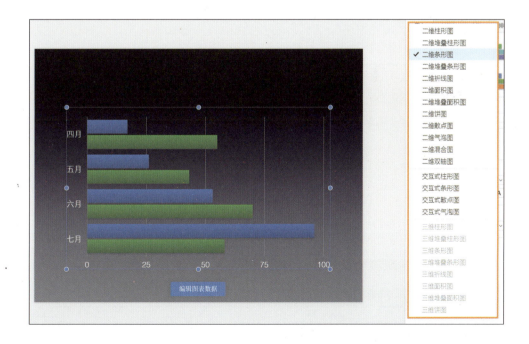

我们能使用Keynote中的三维图表轻松做出下图所示的效果。

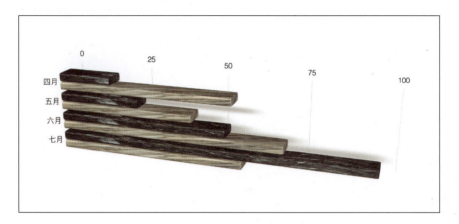

iCloud中Keynote不支持添加三维图表。

三、常见问题

笔者在使用Keynote的过程中，遇到过两个十分棘手的问题。

1. 在Keynote中插入跨幻灯片播放的音频

如果是PPT，直接在当前幻灯片插入音频再设置"跨幻灯片播放"即可。但在Keynote中不行，插入的音频只能在当前页播放，如果想要跨幻灯片播放，需要在"文稿"选项卡中选择音频，然后导入。

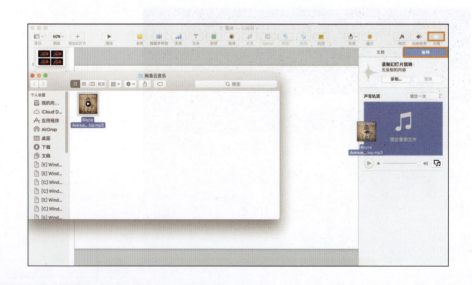

2. 在Keynote中使用矢量素材

Keynote不支持emf格式的文件，因此无法将矢量素材直接导入，对此的解决方法有两种。

最简便的解决方法是先将矢量文件导入PPT，然后导出为PPTx文件，再使用Keynote打开，这样就可以任意更改矢量素材的颜色、大小等参数了。

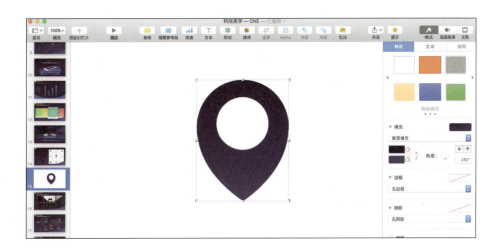

如果没有安装PPT，却仍想在Keynote中使用矢量文件，可以使用libreoffice（http://zh-cn.libreoffice.org/）进行辅助。

Libreoffice的界面如下图所示，具体操作步骤如下。

Step 1：将emf文件导入libreoffice。

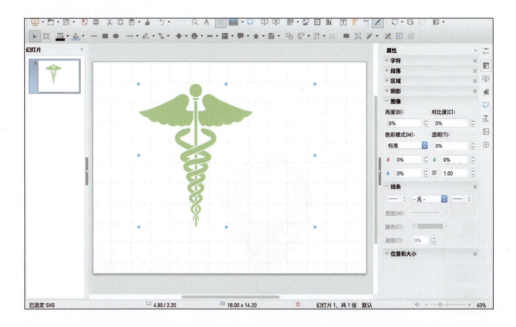

Step 2：右键选择分开。

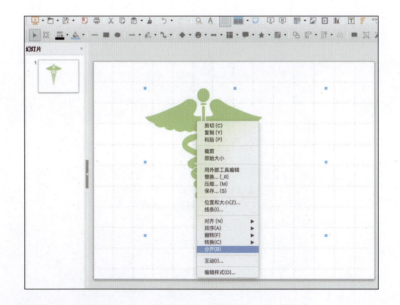

Step 3：在Libreoffice中导出为PPT格式的文件，再在keynote中将其打开。这时，我们就可以自由编辑icon的颜色、大小等格式了。

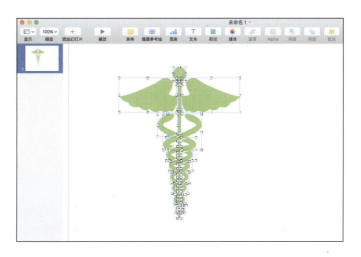

作品下载

书中用作案例的模板作品均为笔者制作,欢迎下载。

下载方式:

1．扫描并关注公众号。

2．回复相应关键词。

关键词:01MAGAZINE

关键词：02BLACK@YELLOW

关键词：03ARCHITECTURE

关键词：04ANGRYBIRDS

关键词：05CINEMA4D

关键词：06HAPPY NEW YEAR

关键词：07KUNGFUPANDA

关键词：08LANDSCAPE

关键词：09MATERIAL UI

关键词：10OVERWATCH

关键词：11SMARTISAN

读者服务

轻松注册成为博文视点社区用户（www.broadview.com.cn），扫码直达本书页面。

- 下载资源：本书如提供示例代码及资源文件，均可在 **下载资源** 处下载。
- 提交勘误：您对书中内容的修改意见可在 **提交勘误** 处提交，若被采纳，将获赠博文视点社区积分（在您购买电子书时，积分可用来抵扣相应金额）。
- 交流互动：在页面下方 **读者评论** 处留下您的疑问或观点，与我们和其他读者一同学习交流。

页面入口：http://www.broadview.com.cn/31757